엠꼼마카롱의 —— 캐릭터 마카롱

CHARACTER
MACARON

엠꼼마카롱의 ———— 캐릭터 마카롱

김소연 지음

비타북스

XO
XO
Love

PROLOGUE

'캐릭터 마카롱'은 사랑입니다!

금방이라도 부서질 듯이 약하고 작은 것들을 보면 늘 애정이 갔어요. 이렇듯 작은 것들을 소중히 여기는 마음을 담아 마카롱을 만들고 있습니다. 마카롱 가게를 처음 차렸을 때는 사람들이 마카롱에 대해 잘 알지 못했고, 작고 비싸고 너무 달기만 한 과자라는 인식이 강했죠. 생소한 디저트였던 마카롱을 만들기 시작한 건 정말 좋아서였어요. 제가 힘들 때마다 마카롱이 위로가 되어줬거든요. 이런 마카롱의 매력을 언젠가 모두 알아줄 거라 믿었죠. 제 믿음은 틀리지 않았어요. 지금은 마카롱의 인기가 치솟아 없어서 못 파는 마카롱이 되어버렸잖아요. '마카롱 1세대'로서 뿌듯하고 기쁘답니다.

그런데 왜 마카롱이었을까요? 프랑스 유학시절 마카롱을 처음 맛봤을 때 코크의 바삭함과 필링의 부드러움이 어우러지던 그 환상적인 맛이 기억나네요. 기분이 좋지 않은 날에는 늘 마카롱 하나를 사먹었어요. 고생한 나에게 주는 작은 보상이랄까. 모든 게 치유될 것만 같은 달콤한 알약 같았어요. 그리고 아무것도 하기 싫은 날 있잖아요. 기운이 다 빠져버려서 사라져버리고 싶은 그런 날에도 마카롱의 힘을 빌렸죠. 그렇게 마카롱은 힘들 때마다 한 걸음 한 걸음 나아갈 수 있게 도와주는 원동력이 되어주었어요.

그때부터 각 지역의 마카롱 맛집을 찾아다니기 시작했어요. 지역마다, 가게마다 다른 마카롱의 모양과 맛을 비교하며 다니는 재미가 쏠쏠했죠. 유명하다는 마카롱 가게 대부분을 섭렵하게 되자 직접 마카롱을 만들어보고 싶다는 욕심이 생기더라고요. 처음엔 마카롱 만드는 게 어려웠지만 익숙해지면서 즐기고 있는 내 자신을 발견했어요. 혹시라도 실수할까 숨도 참아가며 반죽을 짤 때는 조심스러움과 두근거림으로 심장이 터질 것 같았어요. 동글동글 윤이 나는 마카롱을 보면 모난 마음도 부드러워지는 것 같았고요. 오븐에 반죽을 넣은 다음에는 그 앞을 떠날 수가 없었어요. 피에가 올라오는 순간을 놓치고 싶지 않았거든요. 마치 살아 움직이는 것 같아요. 좋아하는 필링을 만들어 코크 위에 가득 올릴 때는 입안에 부드럽게 퍼질 달콤함을 상상하며 콧노래를 불렀죠.

가게를 찾는 많은 분들이 엠꼼마카롱의 트레이드 마크인 '캐릭터 마카롱'의 탄생 스토리를 궁금해합니다. 저도 처음에는 답을 해드릴 수 없었어요. 그냥 귀엽거나 예뻐서 보기만 해도 피식 웃게 되는 그런 것들 있잖아요. 침대 위에 인형, 삭막한 사무실 책상 위 귀여운 피규어처럼 별거 아닌데 오늘 하루도 무사히 견디게 해주는 소소한 것들이요. 캐릭터 마카롱이 제게 그런 거였어요. 처음엔 그리고 싶은 것들을 마카롱 위에 그리다가 어느 날에는 무심코 표정을 넣어봤어요. 오밀조밀한 눈, 코, 입 등을 그리다 보니 힘든 과정을 싹 잊게 되더라고요. 물론 하루에 수십, 수백 개씩 그려야 할 때는 눈도 시리고 손도 아프고 힘들 때가 많죠. 그렇지만 진열장 속 깜찍한 캐릭터 마카롱을 보고 너무 귀엽다며 웃는 아이들을 보면 피곤이 싹 가셔요. "그렇게 말하는 네가 더 귀여워!"라고 아이들에게 답해주죠.

좋아하는 음악을 들으며 커피와 티를 홀짝이고, 한입 가득 마카롱을 베어먹으며 작은 얘기에도 쉽게 웃는 사람들을 보는 이 시간이 너무 소중하고 즐겁습니다. 그래서 서로 사랑하는 사람들이 달콤한 목소리로 속삭이는 가게에서 저는 오늘도 마카롱을 만듭니다. 소중한 자신과 사랑하는 사람을 위해 직접 마카롱을 만들어보세요. 레시피를 차근차근 따라 만들다보면 여러분 곁에도 달콤한 행복이 찾아올 거예요!

행복한 마카롱 언니 김소연 드림

CONTENTS

PART 2 _ *Intermediate Course*

변신의 귀재, 다양한 마카롱 만들기 기본 마카롱 레시피

PART 3 _ *Advanced Course*

단 하나뿐인 나만의 캐릭터 마카롱 만들기 **캐릭터 마카롱**

PART 4 _ Special Course

특별한 날, 센스 충전! 선물용 마카롱 만들기 **스페셜 데이 마카롱**

마카롱 이야기

마카롱은 꽤 오래전부터 꾸준히 사랑받아온 전통 디저트예요. 그 시작은 16세기 이탈리아의 유명한 귀족 메디치 가문 사람인 카트린 드 메디치(Catherine di Medici)가 프랑스 국왕 앙리 2세와 결혼하게 되면서부터였다고 해요. 프랑스로 시집올 때 데려온 그녀의 요리사로부터 시작된 거죠. 당시 마카롱은 지금과는 다른 모습이었어요. 달걀흰자, 아몬드, 설탕을 섞어 만든 반죽을 구운 것으로 구운 아몬드과자와 비슷한 모양새였죠. 그랬던 마카롱이 점차 발전해 두 개의 코크 사이에 달콤한 필링을 채워 놓은 지금의 모습이 된 거예요. 쫀득하고 바삭하며 달콤하기도 하고 새콤한, 이 다채로운 맛과 식감은 프랑스 상류층 사람들의 입맛을 단숨에 사로잡았고 점차 대중화되며 지금의 인기를 구가하게 되었어요.

마카롱은 특히 유행에 민감한 편이에요. 지역마다, 만드는 사람에 따라서도 맛과 모양새가 변하죠. 필링을 뚱뚱하게 채워 넣은 '뚱카롱'부터 작게 만든 '미니 마카롱', 그리고 우리가 책에서 다룰 '캐릭터 마카롱' 등 어떤 필링을 넣느냐에 따라서도 개성이 달라져요. 그래서 다양한 마카롱 가게를 찾아다니며 맛보고 즐기지요.

많은 분들이 마카롱 만들기에 도전하지만 '베이킹의 끝은 마카롱이다!'라고 할 정도로 마카롱 만들기는 까다로워요. 베테랑이어도 방심하면 실패하기 쉽고 만드는 과정도 느슨하지 않거든요. 대신 그 과정과 결과가 주는 기쁨은 너무나 크답니다. 그래서 자꾸만 만들고 싶어지는 걸지도 몰라요. 다른 베이킹보다 분명 어렵지만 차근차근 과정을 이해하고 만들다보면 절대 후회하지 않을 결과물을 만들 수 있어요.

지금부터 정말 쉽게 그리고 실패를 줄일 수 있는 엠꼼마카롱만의 마카롱 노하우를 전수해드릴게요. 기본 마카롱부터 개성 강한 캐릭터 마카롱 레시피까지 이 한 권 안에 꾹 눌러 담았습니다. 실패하면 또 어때요? 모양새는 좀 어설프더라도 맛있고 사랑스러운걸요.

여러분, 저와 함께 마카롱 하실래요?

마카롱 도구 준비하기

마카롱을 만들 때 필요한 기본 도구입니다. 이 도구들만 있으면 언제든지 맛있는 한입 마카롱을 만들 수 있어요. 필요한 도구들을 미리 준비해 도구의 종류와 사용법을 미리 익혀보세요.

❶ 스텐볼
마카롱 반죽과 머랭을 섞을 때 사용해요. 넓고 큰 볼은 마카로나주 작업의 편리성을 위해 필요하고, 좁고 깊은 볼은 머랭을 칠 때 좋아요.

❷ 체
가루를 곱게 거를 때 필요해요. 아몬드파우더를 체 칠 때는 굵은 체를 사용해 아몬드파우더에서 유분이 나오는 현상을 방지합니다.

❸ 냄비
이탈리안 머랭의 시럽을 끓일 때 사용하며 작은 사이즈의 냄비면 충분합니다.

❹ 핸드믹서
온도에 민감한 머랭을 빠른 시간에 단단하게 휘핑할 때 사용합니다.

❺ 전자저울
재료를 계량할 때 사용하며 정확한 계량을 위해 한눈에 수치를 확인할 수 있는 전자저울을 추천해요.

❻ 고무주걱
반죽을 섞거나 깨끗하게 긁어낼 때 필요하며, 끝이 넓고 납작하며 탄성이 좋은 주걱을 사용해야 반죽을 다루기 쉽습니다.

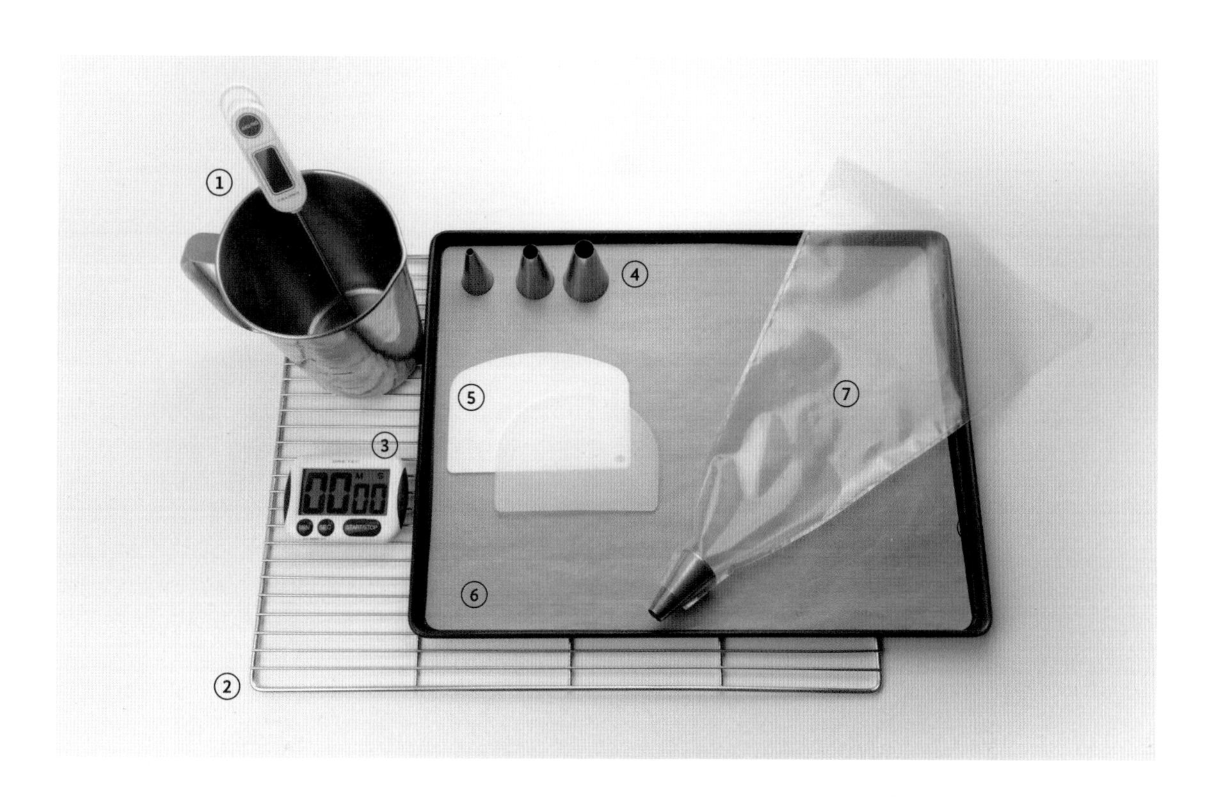

❶ 막대온도계

시럽의 정확한 온도를 재는 데 사용합니다. 시럽의 온도를 잴 때는 속의 온도까지 알 수 있는 막대온도계를 사용하는 것이 좋아요.

❷ 식힘망

오븐에 구워져 나온 코크를 식힐 때 사용해요.

❸ 타이머

건조 시간과 굽는 시간을 체크할 때 필요해요.

❹ 원형 깍지

짤주머니에 끼워 반죽을 원형으로 짤 때 사용해요. 기본 마카롱은 지름 1cm 깍지를 사용하며, 필요에 따라 다양한 사이즈의 깍지를 이용합니다.

❺ 스크래퍼

마카로나주 시 고무주걱보다 면적이 넓어 양이 많을 때 사용하기 좋아요.

❻ 테플론시트

오븐용 시트로 반죽의 수분 상태를 그대로 유지시켜 줍니다. 재사용이 가능하니 사용 후 깨끗이 닦아 보관합니다.

❼ 짤주머니

반죽이나 크림을 담아 짤 때 사용합니다. 나일론재질의 짤주머니는 내구성이 강해 재사용이 가능해요. 일회용 짤주머니는 편리하지만, 반죽에 손의 열이 빨리 전달되어 열에 예민한 마카롱 반죽에는 주의해야 해요.

마카롱 재료 준비하기

마카롱의 기본 재료를 소개할게요. 각각의 재료가 가진 특징과 역할을 정확히 이해하면 어떤 재료를 어떻게 쓰면 좋은지 알게 될 거예요. 잘못된 재료 선택이 마카롱 만들기의 실패 요인이 될 수 있으니 유의해야 합니다.

❶ 아몬드파우더

아몬드를 갈아 가루로 만들어 놓은 것으로 제과 제빵 재료상에서 쉽게 구입할 수 있어요. 유분이 적고 신선한 제품을 사용해야 합니다. 오랜된 아몬드파우더를 사용할 경우 코크 표면이 거칠거나 갈라지며, 유분이 많은 아몬드파우더는 마카로나주 과정에서 머랭이 사그라져 반죽에 좋지 않아요.

❷ 슈거파우더

설탕을 분쇄하여 미세하게 만들어 놓은 가루입니다. 시중에는 100% 설탕으로 만들어진 제품과 전분이 함유된 제품이 있습니다. 전분은 코크 표면이 갈라지는 원인이 되므로 100% 설탕으로 만들어진 슈거파우더 제품인지 확인하고 사용해야 해요. 사용하고 남은 슈거파우더는 습기가 차지 않도록 잘 밀봉해서 보관하세요.

❸ 설탕

단맛을 내며 머랭을 단단하게 만들어 주는 중요한 재료입니다.

❹ 달걀흰자

달걀흰자는 달걀노른자와 분리한 뒤 하루 이틀 냉장고에 보관해야 해요. 달걀흰자의 점성과 알끈이 시간이 지남에 따라 부드럽게 풀어져 좋은 마카롱 반죽을 만들 수 있기 때문입니다. 미리 흰자를 분리시켜 놓지 못했을 경우에는 알끈을 거품기로 살짝 풀어 뭉침이 없는 상태로 만들고 남은 알끈과 거품을 제거한 뒤 사용하세요.

❺ 색소

화려한 색감은 마카롱이 사랑받는 중요한 요소입니다. 식용색소와 천연색소, 가루색소와 액체색소가 있으며 우리나라 식약청에서 허가된 색소라면 어느 것을 사용해도 됩니다. 가루색소는 반죽에 뭉침 현상이 생길 수 있어 액체색소를 사용하는 걸 추천드려요.

Basic Course

PART 1

실패 없는 마카롱 만들기의 모든 것

마카롱 코크 & 필링

마카롱에서 가장 만들기 어렵다는 코크 만들기부터 필링까지!
꼭 알아야 할 간단한 용어들을 익히며
마카롱을 만들어 볼까요?

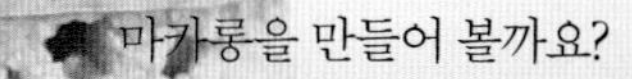

① 마카롱 구조를 알아보자!

모르고 먹어도 맛있지만 알고 먹으면 더 맛있는 마카롱!
대체 어떻게 생겼는지 샅샅이 살펴볼까요?

코크 coque

코크란 프랑스어로 크림 위아래의 '껍질'이라는 뜻으로 '쉘(shell)'이라고도 불러요. 코크를 구성하는 기본 재료는 아몬드파우더, 슈거파우더, 달걀흰자, 설탕으로 이들이 배합되어 겉은 바삭하며 속은 부드럽고 쫀득한 마카롱의 식감을 완성해줍니다.

피에 pied

피에는 프랑스어로 '발'이라는 뜻으로 코크 옆면에 만들어진 물결 모양의 반죽을 말해요. 코크는 표면이 건조된 상태로 오븐에 구워지기 때문에 굽는 동안 건조되지 않은 내부의 반죽이 건조된 윗면의 반죽을 뚫고 나가지 못하고 바닥에서 팽창하게 됩니다. 이때 반죽이 부풀면서 코크의 옆면으로 프릴이 생기는데 이 모양을 '피에'라고 불러요. 반죽의 표면이 너무 많이 건조되면 내부의 반죽까지 모두 건조되어 피에가 형성되지 않거나 건조 과정이 부족하면 윗면으로 반죽이 터질 수 있어요.

필링 filling

코크와 코크 사이에 들어가는 크림을 말해요. 마카롱의 맛을 결정하고 재료의 특성을 지닌 것이 필링이에요. 필링은 가나슈, 버터크림, 콩포드(잼) 등 원하는 재료의 맛과 향, 식감에 따라 다양하게 만들어 사용해요.

코크
피에
필링

② 코크를 만들어보자!

마카롱이 만들기 까다롭다고 알려진 이유는 코크 때문이에요. 서두르지 않고 차근차근 이해한 뒤 만든다면 원하는 마카롱을 얻을 수 있을 거예요.

» 코크 만들기 전과정

STEP1 **머랭 만들기**

머랭은 달걀흰자와 설탕을 섞은 뒤 세게 저어 거품낸 것을 말해요. 코크는 만드는 방법에 따라 크게 익힌 이탈리안머랭과 익히지 않은 프렌치머랭 두 가지로 나눠요. 어떤 머랭을 사용하느냐에 따라 코크의 식감과 질감 또한 달라집니다. 다양한 머랭을 만들어보고, 자신에게 맞는 머랭법을 선택하세요!

이탈리안머랭 만들기

단단하고 안정적인 이탈리안머랭은 마카로나주의 상태를 파악하기 쉽고, 캐릭터 마카롱처럼 다양한 모양을 만들 때도 실패율이 낮다는 장점이 있어요. 그런 이유에서 저 역시 이탈리안머랭으로 만드는 마카롱을 더 선호하는 편입니다.

INGREDIENTS (지름 4.5cm 마카롱 기준 약 35개 분량)

머랭 달걀흰자 74g, 설탕 54g **시럽** 물 54g, 설탕 140g

RECIPE

❶ 볼에 머랭용 달걀흰자를 넣고 저속으로 휘핑하다가 머랭용 설탕을 넣고 중속으로 휘핑해요.

❷ 머랭의 기포가 늘어나고 뽀얗게 변한 상태가 되면 휘핑을 멈춰요.

❸ 동시에 작은 냄비에 시럽용 물을 먼저 따른 뒤 시럽용 설탕을 넣고 118~120도가 될 때까지 끓여요.

❹ ②에 ③을 가장자리를 따라 천천히 가늘게 부어요.

❺ 시럽을 다 붓고 핸드믹서를 중속으로 휘핑해 머랭을 단단하게 만들어요.

❻ 볼 밑면을 만져서 미지근한 정도까지 휘핑해요.

❼ 휘핑기를 들어 올렸을 때 머랭에 힘이 있고 윤기가 흐르며 끝에 뿔이 살짝 휘어지면 완성!

tip

④번에서 고온의 시럽이 떨어진 자리에서 핸드믹서를 고속으로 두고 휘핑해야 머랭이 익는 것을 방지할 수 있어요.

프렌치머랭 만들기

시럽을 끓이지 않고 달걀흰자에 설탕만 넣어 휘핑하는 프렌치머랭은 이탈리안머랭보다 과정이 간편해요. 부드러운 식감의 코크를 만들 때 주로 사용하지요. 단, 이탈리안머랭보다 텍스처가 단단하지 못해 마카로나주 시 조금 더 주의하며 작업해야 해요.

INGREDIENTS (지름 4.5cm 마카롱 기준 약 30개 분량)

달걀흰자 140g, 설탕 70g

RECIPE

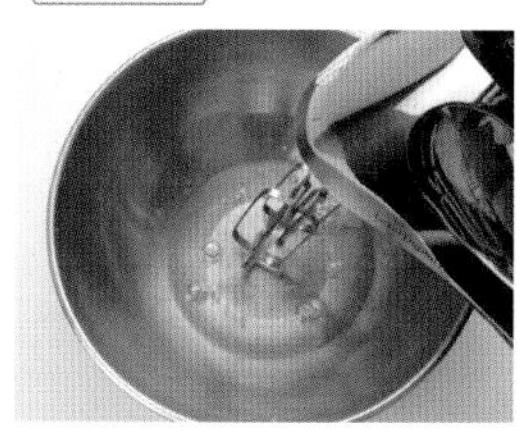

❶ 깨끗한 볼에 차갑게 준비한 달걀흰자를 넣고 알끈이 섞이게끔 저속으로 부드럽게 풀어요.

❷ 거품이 약간 생기면 설탕 ⅓ 분량을 넣고 중속으로 휘핑해요.

❸ 색이 뽀얗게 변하면 설탕 ⅓ 분량을 더 넣고 계속 휘핑해요.

❹ 머랭에 힘이 생기면서 부피가 늘어나면 남은 설탕을 모두 넣고 계속 휘핑해요.

❺ 머랭에 윤기가 흐르고 자국이 보이기 시작하면 휘핑기를 들어 올려 머랭의 뿔이 뾰족하게 서는지 확인한 뒤 멈춰요.

❻ 코크에 컬러를 넣고 싶을 때는 머랭에 색소를 넣고 가볍게 휘핑해 완성!

STEP2 **마카로나주 하기**

마카로나주는 머랭을 가라앉히고 반죽을 부드럽게 해 최종 반죽을 만드는 과정을 말해요. 이탈리안머랭과 프렌치머랭을 만드는 방법은 다르지만 마카로나주 뒤의 반죽 상태는 같다고 생각하면 됩니다.

이탈리안머랭 마카로나주 하기

단단한 머랭을 만들어도 마카로나주가 부족하면 거칠고 덩어리진 반죽이 되고, 반대로 마카로나주가 지나치면 반죽이 주르륵 흘러요. 마카로나주는 일정한 시간이나 횟수가 정해져 있는 게 아니라서 그때그때 반죽의 상태를 보면서 스스로 감을 익히는 게 중요해요.

INGREDIENTS(지름 4.5cm 마카롱 기준 약 35개 분량)

아몬드파우더 200g, 슈거파우더 200g, 달걀흰자 74g

RECIPE

❶ 볼에 2회 이상 체 친 아몬드파우더와 슈거파우더를 넣고, 달걀흰자와 함께 가루가 완전히 사라질 때까지 섞어요.

❷ 원하는 색소를 넣고 계속 섞어요.

❸ 반죽이 걸쭉해지면 이탈리안머랭 중 절반을 넣고 섞어요.

❹ 주걱의 날을 세워 뭉친 곳이 없도록 매끈하게 풀어요.

❺ 나머지 머랭을 모두 넣고 부드럽게 섞어요.

❻ 볼의 바닥과 옆면을 깨끗이 긁어가며 뭉친 반죽이 없는지 확인하고, 반죽을 볼 벽쪽에 붙여서 머랭을 가라앉혀요.

❼ 반죽을 중앙으로 모으며 윤기의 상태를 봐요.

❽ 반죽을 주걱으로 들어 올려 떨어트렸을 때 끊어지지 않으며, 떨어진 자국이 15초 정도 남아있으면 완성!

tip

②번에서 흰색 머랭을 넣어 섞으면 반죽의 색상이 연해지므로 원하는 색보다 2배 진하게 색을 만들어야 해요.

프렌치머랭 마카로나주 하기

프렌치머랭은 이탈리안머랭에 비해 과정이 단순해 편하지만 텍스처가 단단하지 못해 머랭이 사그라들기 쉽다는 단점이 있어요. 재빠르게 섞지 못하면 반죽이 주르륵 흐를 수 있으니 주의하세요.

INGREDIENTS (지름 4.5cm 마카롱 기준 약 30개 분량)

아몬드파우더 170g, 슈거파우더 170g

RECIPE

❶ 프렌치머랭에 2번 이상 체 쳐서 섞은 아몬드파우더와 슈거파우더 중 ⅓ 분량을 흩뿌리듯이 넣어요.

❷ 주걱을 세워 자르듯이 골고루 섞어요.

❸ 날가루가 조금 남았을 때 가루 재료 ⅓을 더 넣고 한 손으로 볼을 잡은 채 몸쪽으로 돌려가며 골고루 섞어요.

❹ 남은 가루 재료를 모두 넣고 가루가 보이지 않을 때까지 주걱으로 아래에서 위로 떠올려가며 완전히 섞어요.

❺ 반죽을 중앙으로 모으며 윤기가 나는지 확인해요.

❻ 반죽을 주걱으로 들어 올려 떨어트렸을 때 삼각형 모양으로 걸쭉하게 떨어지며, 떨어진 자국이 15초 정도 남아있으면 완성!

②번에서는 머랭의 기포가 가라앉을 수 있으니 주걱을 세워 섞어요.

STEP3 **반죽 짜기**

반죽 짜기는 쉬워 보이지만 처음에는 원하는 대로 모양이 안 날 수 있어요. 윤기 나는 동글동글한 원형이 아닌, 둘쭉날쭉한 모양의 코크가 만들어질 수도 있거든요. 심호흡을 크게 한 번 하고 차분하게 반죽을 짜보세요.

RECIPE

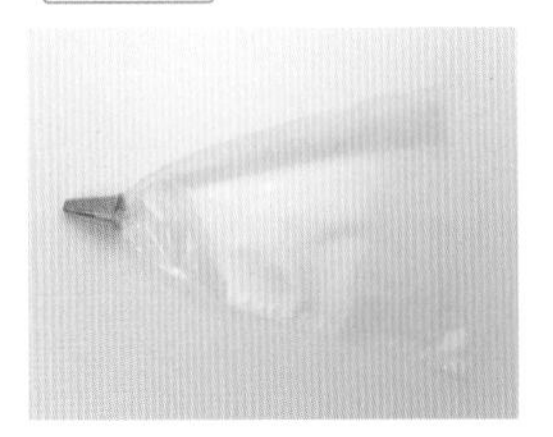

❶ 끝을 자른 짤주머니에 1cm 깍지를 끼고 깍지 뒤에서 짤주머니를 비틀어 꼬아 깍지에 밀어 넣어요.

❷ 컵에 짤주머니 끝부분을 뒤로 접어 끼운 뒤 반죽을 담아요.

❸ 반죽을 담은 짤주머니 끝을 2~3번 비튼 뒤 손바닥으로 감싸듯이 잡고 엄지와 검지 사이에 끼워 넣어요.

❹ 오븐팬과 테플론시트 사이에 원하는 사이즈의 원형 패턴지를 깔아 준비해요.

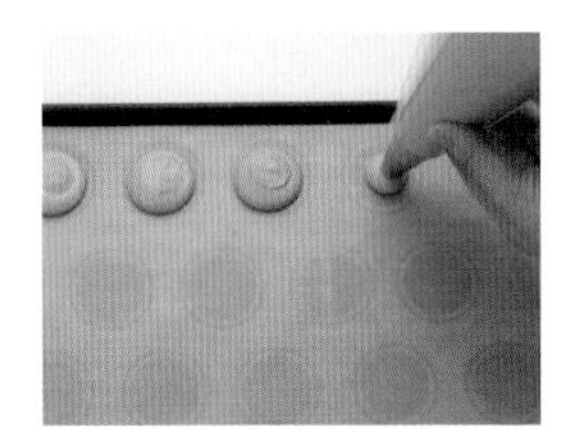

❺ 깍지 끝을 테플론시트에서 0.8cm 높이에 놓고 패턴지 크기에 맞춰 반죽을 짜요.

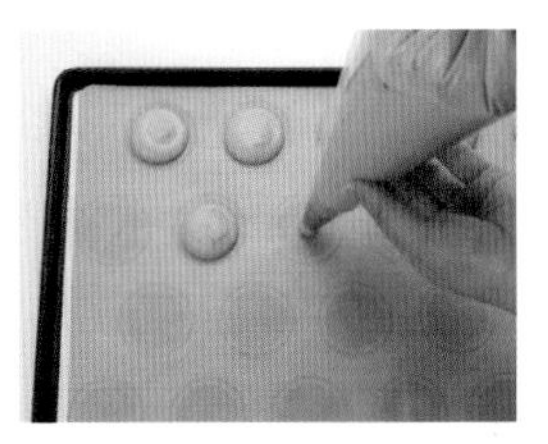

❻ 원하는 크기가 되면 손에 힘을 완전히 빼고 반죽을 끊는다는 느낌으로 작은 원을 그리며 깍지를 들어 올려요.

tip

1. 짤주머니에 반죽을 담았을 때는 새지 않도록 주의해요.
2. 반죽은 온도에 예민하기 때문에 손으로 잡고 넣기보다는 ②번처럼 컵을 이용하면 편리해요.
3. 건조 전 오븐팬 밑부분을 손바닥으로 탕탕 치거나 바닥에 살짝 쳐 기포를 제거해 코크의 표면을 매끄럽게 만들어줘요. 이때 미리 패턴지를 제거해두면 테플론시트가 구겨지지 않아요.

STEP4 **건조 & 굽기**

건조하기

반죽을 짠 뒤 실온에서 코크를 건조합니다. 작업하는 환경과 온도에 따라 차이가 있지만 보통 30분~1시간 정도면 적당해요. 반죽에서 윤기가 사라지고 손으로 만졌을 때 묻어나지 않는 정도면 돼요. 너무 오랜 시간 건조시키면 속 반죽까지 말라버려 오븐에 구웠을 때 피에가 예쁘게 형성되지 않아요. 코크가 제대로 건조되지 않으면 구웠을 때 코크 윗면으로 반죽이 튀어나올 수 있으니 주의해야 합니다. 겉은 건조되었어도 속 반죽은 말랑함이 느껴지는 상태, 이때가 가장 잘 건조된 상태라고 볼 수 있어요. 이건 경험을 통해 손끝으로 감각을 익혀야 해요.

오븐에 굽기

READY (지름 4.5cm 마카롱 기준)

데크오븐 150도에서 20분 이상 예열 → 130도로 세팅 후 마카롱 굽기 → 15~16분
컨벡션오븐 150도에서 20분 이상 예열 → 마카롱 굽기 → 13~14분

전기 데크오븐과 컨벡션오븐 모두 사용 가능합니다. 단, 오븐마다 온도차가 있고 열전도 성능이 다르니 자신의 오븐 특성부터 파악하고 맞는 온도를 찾아두면 좋겠죠?
'데크오븐'은 열을 전달하는 장치가 위아래에 있어요. 위아래로 열을 가해 서서히 익히는 방식입니다. '컨벡션오븐'의 경우 사방에서 균일하게 열을 가해주는 방식으로 내부 온도가 일정해 조리 시간을 단축시킬 수 있어요.
저는 데크오븐을 사용하는데 150도로 예열해두었다가 마카롱을 넣기 직전 130도로 온도를 낮춘 뒤 15~16분간(지름 4.5cm 마카롱 기준) 구워줍니다. 컨벡션오븐의 경우 150도로 예열한 뒤 그대로 약 13~14분간 구워주세요.
코크를 구울 때 반죽이 부풀어 오르는 모습을 보면 수분이 빠지면서 피에가 힘차게 부풀어 오르다가 살짝 가라앉는 시점이 있어요. 반죽이 안정기에 접어드는 시점으로 이때부터는 오븐 문을 열어도 괜찮아요. 이때 오븐을 열어 손가락으로 마카롱 측면을 가볍게 건드려보고 흔들리지 않는 상태면 꺼내주세요. 반죽이 약하게 흔들린다면 아직 덜 익은 것이니 20~30초 간격으로 상태를 지켜봅니다. 다 구운 코크는 오븐팬에서 분리한 뒤 온기가 완전히 사라지면 테플론시트에서 조심스럽게 떼어내세요.

마카롱의 사이즈에 따라 굽는 시간도 달라집니다. 지름이 작아지면 시간도 짧게, 지름이 커지면 시간도 길게 바꿔서 세팅해야 해요. 다양한 사이즈의 마카롱을 만들 때는 각 오븐팬에 비슷한 사이즈의 마카롱을 짜줘야 건조 시간과 굽는 시간을 동일하게 적용할 수 있어요.

마카롱 오답노트

레시피를 세심하게 따라 했음에도 실패하는 마카롱!
단순해 보이지만 모든 과정 하나하나가 잘 지켜지지 않으면 성공적으로 마카롱을 만들기 어려워요.
실패한 마카롱 코크의 여러 사례와 그 이유를 이해한다면 좀 더 수월하게 마카롱을 만들 수 있어요!

Q1. 코크 표면에 꼭지가 생겨요.

마카로나주를 너무 적게 한 경우 일어나는 현상입니다. 테플론시트에 반죽을 짰을 때 이런 현상이 나타나면 반죽을 다시 볼에 담아 마카로나주를 조금 더 진행한 뒤 짜주세요. 마카롱을 오븐에 굽기 전, 바로 해결할 수 있습니다.

Q2. 코크가 납작하고 피에가 옆으로 튀어 나와요.

마카롱 반죽을 너무 오래 섞은 상태, 즉 오버 마카로나주가 되어 나타나는 현상입니다. 머랭이 사그라들면서 반죽이 묽어지기 전에 마카로나주를 멈춰야 해요. 마카로나주 시간과 횟수를 줄이고 반죽의 상태를 수시로 확인해 주세요. 반죽을 주걱으로 들어 올려 떨어트렸을 때 떨어진 자국이 바로 없어지지 않고 잠깐 유지되다가 서서히 사라지는 상태까지만 반죽합니다.

Q3. 코크 표면이 갈라지고 터져요.

오븐에서 구워지면서 크랙이 생기는 현상이에요. 코크가 충분히 건조되지 못해 막이 형성되지 않으면 윗면이 찢어지듯 터지는 문제가 발생합니다. 건조가 충분히 되었음에도 윗면이 터지는 현상이 나타났다면 오븐 온도를 조절해보세요. 오븐이 위와 아래 불 조절이 별도로 가능하다면 아래쪽 불의 온도를 낮추고, 따로 조절이 불가능한 오븐의 경우 오븐팬을 한 장 더 겹쳐 열전도율을 낮춰줍니다. 아래쪽 불의 온도가 높으면 반죽이 부풀어 오르면서 코크의 표면을 터트릴 수 있어요.

Q4. 피에가 안 생겨요.

코크를 너무 오래 건조시키면 피에가 잘 생기지 않아요. 코크를 지나치게 오래 건조시키면 표면뿐만 아니라 속 반죽까지 건조되어 머랭이 부풀어 오르는 힘을 잃어버려요. 평균 30~40분 정도가 적당하지만 작업 환경 온도와 습도에 따라 건조 시간이 달라지니 반죽의 상태를 중간중간 체크하며 건조시키는 것이 좋습니다. 표면에 광택이 없어지고 반죽이 손에 묻어나지 않으며 손가락으로 살짝 눌렀을 때 겉은 얇은 막이 형성된 느낌, 속 반죽은 말랑한 상태가 좋아요.

Q5. 코크가 자꾸 한쪽으로 치우쳐요.

아몬드파우더의 상태를 체크합니다. 오래되거나 유분기가 많은 아몬드파우더는 반죽을 안정시키지 못하고 코크의 바닥과 표면이 한쪽으로 미끄러지듯 분리되는 원인이 됩니다. 구입한 아몬드파우더의 신선도를 확인하고 사용해야 해요.

Q6. 코크가 얇고 표면에 기름기 같은 얼룩이 생겼어요.

오래되거나 유분기가 많은 아몬드파우더를 사용하였을 때 표면에 유분이 보이는 현상이에요. 항상 신선한 아몬드파우더를 사용해야 하고, 푸드 프로세서에 아몬드파우더를 갈아서 사용하는 경우 과도하게 분쇄하면 유분이 배어나올 수 있으니 주의해야 해요. 오버 마카로나주가 되었을 때도 같은 현상이 일어날 수 있습니다. 표면이 얇고 유분이 보이면 식감이 떨어지고 쉽게 부서져 상품성과 완성도가 떨어질 수 있으니 마카로나주 과정에서 세심하게 살펴주세요.

실패한 코크 되살리는 레시피

만들기에 실패했거나 사이즈가 들쑥날쑥 해 짝을 이루지 못하고
갈 곳 잃은 마카롱 코크를 모아 마카롱 러스크나 플레이크로 만들어보세요.

'마카롱 플레이크' 만들기

마카롱 코크를 먹기 좋은 사이즈로 잘라 바삭하게 구워 만든 달콤하고 고소한 마카롱 플레이크입니다. 요거트나 우유에 그래놀라나 시리얼을 함께 섞어 드세요. 한 끼 식사로도 좋고 마카롱 코크만의 달콤하고 고소한 맛도 즐길 수 있어요.

INGREDIENTS

마카롱 코크

RECIPE

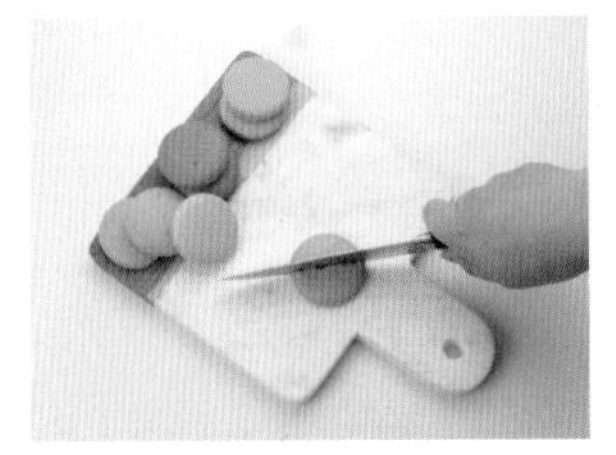

❶ 코크를 먹기 좋은 크기로 작게 잘라요.

❷ 오븐팬 위에 펼친 다음 100도로 예열된 오븐에서 90~100분 동안 구운 뒤 식혀요.

❸ 완전히 식으면 밀폐된 용기에 담아 상온에 보관해요.

tip

1. 소금의 짠맛은 마카롱 코크의 단맛과 버터의 풍미와 조화를 이뤄 감칠맛을 내요.
2. 약불에서 오래 구워주면 마카롱의 색감이 유지되면서 타지 않고 바삭한 러스크가 완성됩니다.

'마카롱 러스크' 만들기

부드럽고 쫀득한 코크를 낮은 온도로 구우면 수분이 제거되어 바삭해져요. 심심할 때마다 집어 먹기 좋은 디저트입니다.

INGREDIENTS

마카롱 코크
버터
소금

RECIPE

❶ 코크 바닥에 녹인 버터를 발라요.

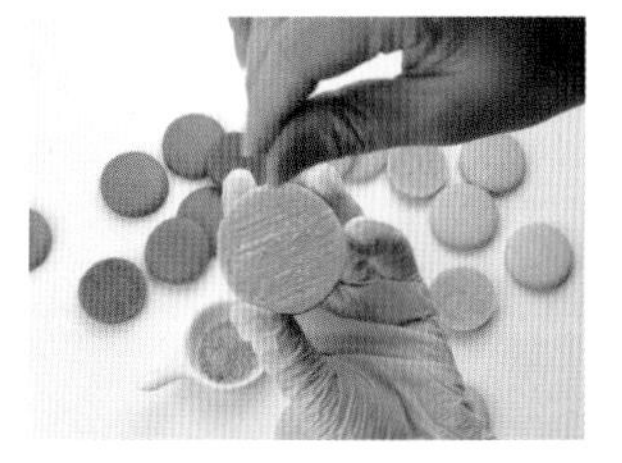

❷ 버터 바른 면에 소금을 조금만 뿌려요.

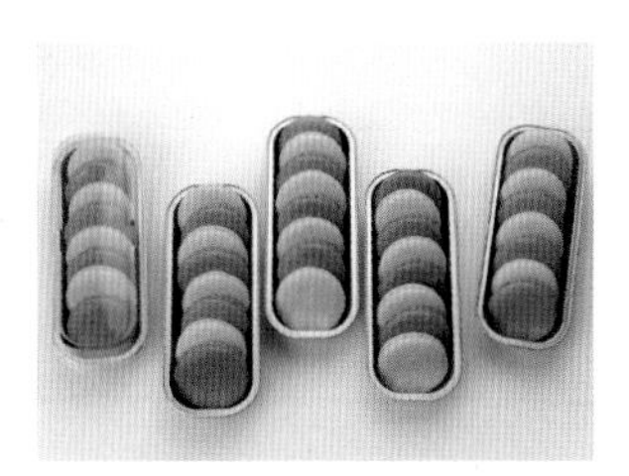

❸ 100도로 예열된 오븐에서 90~100분간 구워요. 완성된 러스크는 완전히 식힌 뒤 밀폐된 용기에 담아 상온에 보관해요.

③ 필링을 만들어보자!

진열대를 보면 마카롱들이 "나는 ○○마카롱이야!"라고 자기소개를 하며 옹기종기 모여 있죠. '필링 채우기'는 마카롱에게 어떤 마카롱이 될지 이름을 지어주는 중요한 시간이에요. 마카롱의 맛을 결정해주는 과정으로 어떤 필링을 넣느냐에 따라 마카롱의 이름이 정해집니다.

초콜릿과 크림으로 만든 진한 가나슈, 부드럽고 풍미가 좋은 버터크림, 달콤한 과일 향이 나는 잼을 이용해 마카롱 필링의 기본을 배워보아요. 기본이 되는 필링을 정확히 익혀두면 응용해 다양한 마카롱을 만들 수 있어요! 다만 수분감이 많은 필링은 마카롱 코크를 축축하게 만들어 보관하기 어렵고 식감에도 영향을 줄 수 있으니 주의하세요. 가나슈, 버터크림, 잼을 이용한 필링은 수분감이 과하지 않고 형태가 잘 보존되는 편이라 많이 이용되고 있습니다.

» 대표 필링

FILLING1 ## 가나슈

가나슈는 버터크림과 함께 가장 많이 사용되고 있는 마카롱 필링이에요. 초콜릿의 카카오버터와 생크림의 수분이 만나 잘 섞이면 가나슈가 만들어져요.

초콜릿은 종류에 따라 다크, 밀크, 화이트로 구분되며 온도가 30도를 넘어서부터 부드럽게 녹기 시작해 40도 전후에서 완전히 녹아내려요. 너무 높은 온도에서 초콜릿을 녹이게 되면 초콜릿 성분이 분리되어 매끈하지 못한 형태의 가나슈가 만들어질 수 있으니 주의해야 해요. 또, 생크림을 데울 때 지나치게 끓어오르면 유지방의 분리가 일어날 수 있으니 따뜻하게 데운 생크림을 사용해야 해요. 생크림과 초콜릿의 적절한 유화온도는 35~40도로 온도가 너무 낮으면 초콜릿이 녹지 않고 굳기 쉬우며, 온도가 너무 높으면 초콜릿의 수분과 유지가 분리되어 윤기 나고 매끈한 질감의 가나슈를 만들 수 없어요.

자, 이제는 생크림의 부드러운 달콤함과 초콜릿의 씁쓸한 뒷맛의 콜라보를 느낄 시간입니다! 너무 달면 다크초콜릿의 양을 늘리거나 전화당의 양을 줄여보세요. 내 입맛에 딱 맞는 다크초콜릿 가나슈를 만들 수 있을 거예요. 초콜릿과 생크림이 유화되는 온도에 주의하며 기본이 되는 다크초콜릿 가나슈를 만들어 봅니다.

다크 초콜릿 가나슈

검은색을 띤 다크초콜릿은 순수에 가장 가까운 맛이 나요. 보통 초콜릿보다 코코아 함량이 많아서 마음을 안정시키고 행복감과 안정감을 느끼게 해줘요. 마음이 씁쓸한 날, 다크초콜릿 가나슈로 마음을 살살 달래보아요.

INGREDIENTS (지름 4.5cm 마카롱 기준 약 30개 분량)

다크 초콜릿 150g, 생크림 150g, 전화당 또는 물엿 20g, 무염버터 28g

RECIPE

❶ 볼에 잘게 자른 다크초콜릿을 담아 중탕으로 녹여요.

❷ 생크림과 전화당을 함께 넣고 가장자리가 타지 않도록 저으며 중불에서 데워요.

❸ 녹인 초콜릿에 35~40도로 데운 생크림을 조금씩 부어요.

❹ 고무주걱으로 가운데부터 기포가 생기지 않도록 조심스럽게 작은 원을 그리듯이 계속 섞어요.

❺ 부드러운 크림 상태로 준비한 무염버터를 넣고 같은 방법으로 섞어요.

❻ 완성된 가나슈는 공기가 닿지 않도록 랩으로 덮어 보관해요.

❼ 살짝 굳어 부드러운 크림 상태가 되면 짤주머니에 담아서 사용해요.

tip

1. 초코릿을 녹일 때는 초콜릿이 담긴 볼이 직접 불에 닿거나 끓고 있는 물이 초콜릿에 들어가지 않도록 수증기만을 이용해 녹여줘요.
2. 주걱 대신 핸드블렌더를 사용하면 편리합니다.
3. 완성된 가나슈는 날씨가 더운 계절에는 냉장고에 넣어 굳히고 시원한 계절에는 실온에서 굳혀요.

FILLING2 **버터크림**

버터크림은 버터의 고형지방을 크림상태로 만든 것으로 잼, 견과류, 찻잎 등의 다양한 재료와 섞어 사용할 수 있어요. 만드는 방법에 따라 앙글레즈 버터크림, 이탈리안 버터크림, 파트 아 봉브 버터크림으로 나눌 수 있습니다.
저는 주로 앙글레즈 버터크림을 사용하는 편이에요. 노른자와 우유가 들어가 고소하면서도 단맛이 강하지 않아 마카롱 필링에 사용되는 여러가지 재료와도 잘 어울리거든요. 마카롱 코크를 만들 때 남겨둔 노른자를 사용할 수 있다는 장점도 있고요.
가볍고 부드러운 식감의 버터크림을 만들기 위해서는 휘핑기를 사용해 크림 속에 공기를 많이 담아줘야 해요. 사용하고 남은 버터크림은 밀봉해 냉동 보관하며 재사용을 원할 때는 자연해동시킨 뒤 다시 한 번 휘핑해 사용합니다.

앙글레즈 버터크림

노른자에 우유와 설탕을 넣어 끓인 크렘 앙글레즈(커스터드)에 버터를 넣어 휘핑한 형태의 버터크림입니다. 수분 함유량이 높아 부드럽고 우유가 들어가 고소한 풍미를 지니고 있어요.

INGREDIENTS

달걀노른자 96g
설탕 68g
우유 160g
버터 260g

RECIPE

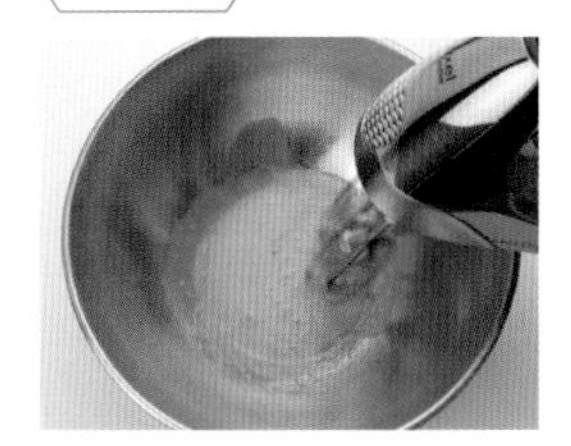

❶ 볼에 달걀노른자와 설탕 ½을 넣고 거품기로 부드럽게 휘핑해요.

❷ 냄비에 우유와 나머지 설탕을 넣고 설탕이 녹을 때까지만 데워요.

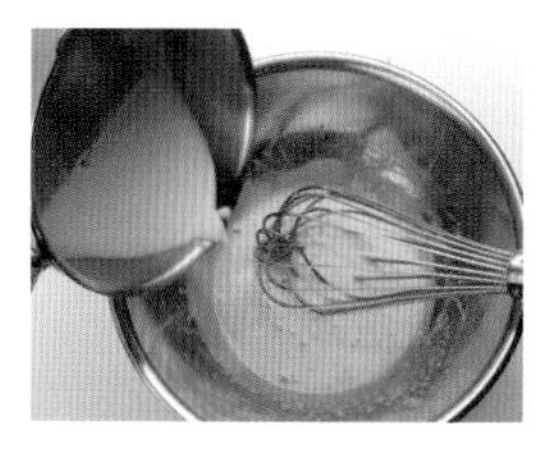

❸ ①에 ②를 조금씩 부어주며 휘핑한 뒤 냄비에 옮겨 담아요.

❹ 냄비를 약불에 올려놓고 82도까지 온도를 높여요. 이때 거품기로 바닥을 계속 저어 눌러 붙지 않게 해요.

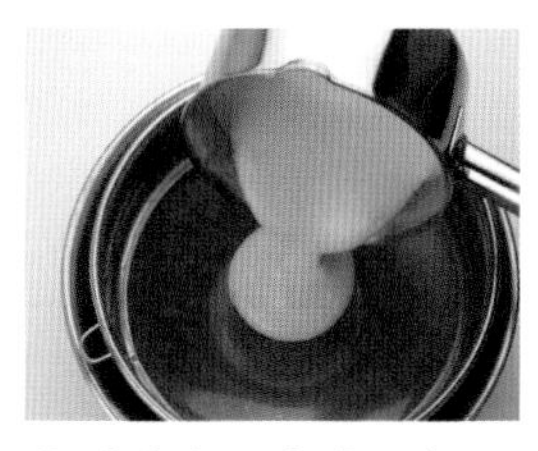

❺ 완성된 크렘 앙글레즈는 약간 점성이 있는 상태로 체에 한 번 거른 뒤 30~35도까지 식혀요.

❻ 크렘 앙글레즈에 실온에서 녹여 말랑해진 버터를 조금씩 나누어 넣으며 휘핑기로 빠르게 섞어요.

1. ④번에서 반죽의 온도가 84도가 넘으면 달걀이 익어 몽글몽글한 덩어리가 생길 수 있으니 온도에 주의해 주세요.
2. 휘핑기로 섞을 때 색이 밝아지면서 매끈하고 광택이 나기 시작하면 부드러운 크림이 완성됩니다.

이탈리안 버터크림

달걀흰자와 118도로 끓인 시럽으로 이탈리안머랭을 만들어 버터와 휘핑해 만들어요. 달걀노른자가 들어가지 않아 색이 하얗고 담백한 맛이 납니다. 상큼한 과일과 잘 어울려요.

INGREDIENTS

> **시럽**

물 30g
설탕 120g
버터 450g

> **머랭**

달걀흰자 140g
설탕 30g

RECIPE

❶ 볼에 달걀흰자와 설탕을 넣고 거품기로 부드럽게 휘핑해요.

❷ 물과 설탕을 섞은 뒤 118~120도로 끓인 시럽을 ①에 천천히 부으며 고속으로 휘핑해요.

❸ 볼 밑면의 온도가 미지근하고 휘핑기를 들었을 때 머랭 끝에 뿔이 살짝 휘어지면 마무리해요.

❹ 실온에서 말랑해진 버터를 조금씩 나누어 넣어주며 휘핑기로 섞어 매끈해지면 완성!

파트 아 봉브 버터크림

달걀노른자와 118도로 끓인 시럽으로 파트 아 봉브를 만든 뒤, 버터와 휘핑하는 방법으로 달걀노른자가 들어가 노란빛을 띄며 버터의 깊은 풍미를 지니고 있습니다. 크림치즈와 잘 어울려요.

INGREDIENTS

달걀노른자 65g
물 35g
설탕 100g
버터 220g

RECIPE

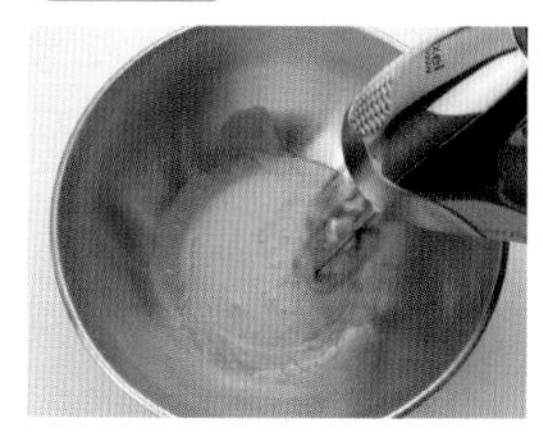

❶ 달걀노른자를 색이 뽀얗게 변할 때까지 휘핑해요.

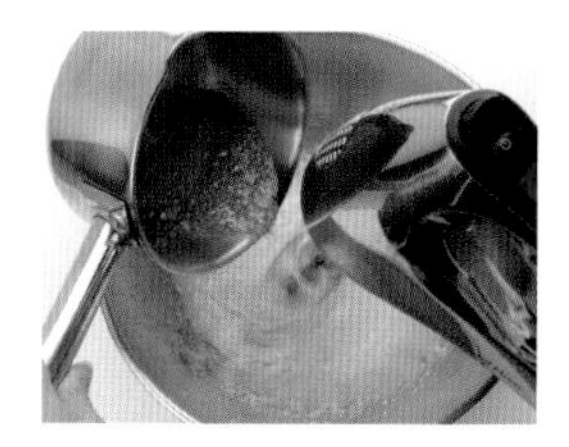

❷ ①에 물과 설탕을 섞은 뒤 118~120도로 끓인 시럽을 천천히 부으며 고속으로 휘핑해요.

❸ 볼 밑면의 온도가 미지근하고 휘핑기를 들었을 때 머랭이 리본 모양을 그리며 떨어지면 마무리해요.

❹ 실온에서 말랑해진 버터를 조금씩 나누어 넣어주며 휘핑기로 섞어 매끈해지면 완성!

FILLING3 **잼**

잼은 과일과 설탕, 펙틴을 넣고 은근히 졸여 만드는 조림으로 과일이 가진 맛과 향을 오랜 시간 그대로 지킬 수 있어요. 잼은 그 자체만으로도 훌륭한 필링이 되며 버터크림과 함께 사용하면 더욱 다양한 맛과 풍미를 느낄 수 있답니다. 과일의 종류가 달라져도 만드는 기본 방법은 비슷하니 딸기잼 만들기로 잼 만들기의 기본을 배워보세요.

딸기잼 만들기

말랑말랑 쫀득쫀득한 잼을 먹으면 나도 모르게 달콤한 미소가 지어져요. 잼은 만들기도 쉽고 저장성도 뛰어나 언제든지 만들어 먹기 좋답니다. 맛있는 잼과 함께 소소하고 확실한 행복을 맛보세요.

INGREDIENTS

딸기 400g
설탕 240g
펙틴 6g
레몬즙 10g

READY

설탕 30g과 펙틴을 덩어리지지 않도록 미리 잘 섞어서 준비해주세요.

RECIPE

❶ 냄비에 잘게 자른 딸기와 설탕 210g을 넣고 수분이 나올 때까지 20~30분간 재워둬요.

❷ 자작하게 물이 생기면 약불로 끓이다가 펙틴을 넣어둔 설탕을 넣고 중불에서 설탕이 녹을 수 있도록 고르게 섞어요.

❸ 점도를 보며 약불로 졸여요. 주걱으로 냄비 바닥을 긁었을 때 길이 생기는 정도가 적당한 점도예요.

❹ 잼이 완성되면 레몬즙을 넣어요.

❺ 볼에 담아 랩을 씌운 뒤 냉장고에서 3시간 정도 식혀서 사용해요.

tip

1. 생과일이 없으면 냉동 과일도 괜찮아요.
2. 펙틴이 굳지 않도록 잼이 팔팔 끓기 전에 설탕과 팩틴 섞은 것을 넣어요.
3. 잼은 식으면 더 단단한 점도가 되니 너무 뻑뻑한 상태까지 끓이지 않는 것이 좋아요.

④ 몽타주를 배워보자!

몽타주는 프랑스어로 조립한다는 뜻으로 마카롱에서는 코크와 필링을 합치는 과정을 말합니다. 샌드하는 필링의 종류와 방법에 따라 다양한 맛과 모양의 마카롱이 완성됩니다. 짝을 맞춘 코크와 필링을 먹기 좋게 한입 크기로 만들 때는 두근두근 설레요. 너무 힘을 줘서 몽타주하면 필링이 뭉개져 옆으로 삐져나올 수 있으니 주의해야 해요. 까다롭지만 귀여운 아기 고양이를 살살 쓰다듬는 듯한 손길로 조심조심 몽타주를 해 보아요!

몽타주하기

완전히 식힌 마카롱 코크를 테플론시트에서 떼어 크기가 맞는 것끼리 짝을 지어요. 나란히 놓고 한 쪽 면만 뒤집어 놓으면 몽타주할 때 편리합니다. 만들어둔 필링은 미리 짤주머니에 넣어주세요.

가나슈 & 잼 필링 몽타주

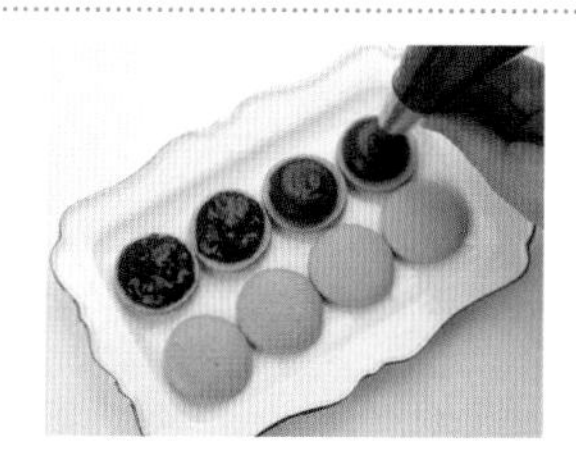

❶ 짤주머니에 1cm 깍지를 끼운 뒤 가나슈 또는 잼을 담아요. 코크 가운데에서 짜기 시작해 도톰하고 볼록한 형태가 되면 멈춰요.

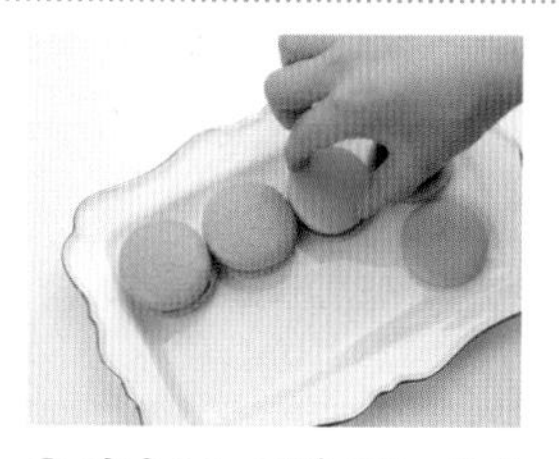

❷ 가나슈는 금방 굳는 성질이 있으니 바로 반대쪽 코크를 덮어요.

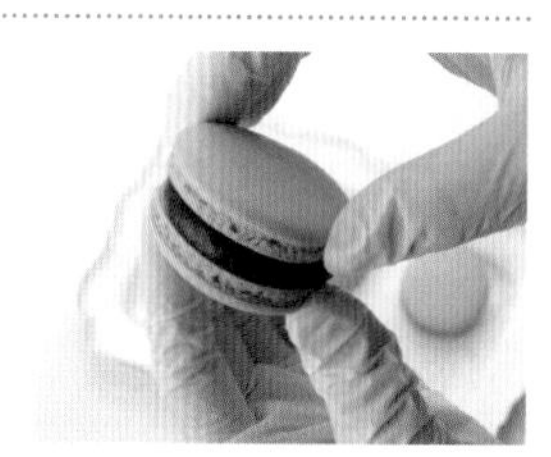

❸ 마카롱의 테두리까지 필링이 잘 퍼지도록 손으로 살짝 비비듯이 눌러요.

tip. 가나슈와 잼은 묽어서 중앙부터 짜줘야 흐르지 않아요.

버터크림 필링 몽타주

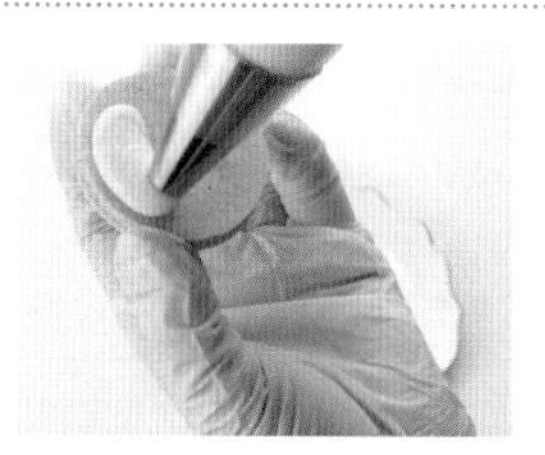

❶ 짤주머니에 1cm 깍지를 끼운 뒤 버터크림을 담고, 코크의 테두리를 따라 원을 그리듯이 짜요.

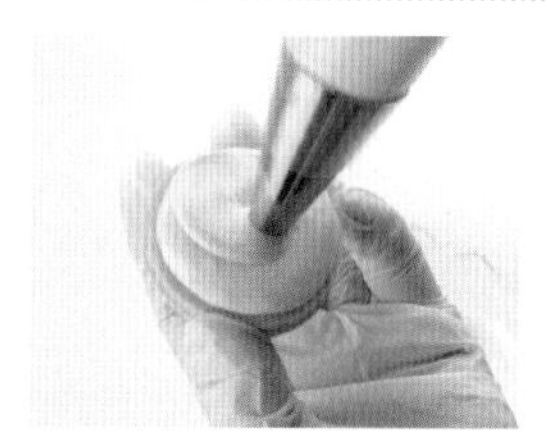

❷ 코크의 바깥에서 중앙으로 달팽이 모양을 그리며 빈틈없이 도톰하게 채워요.

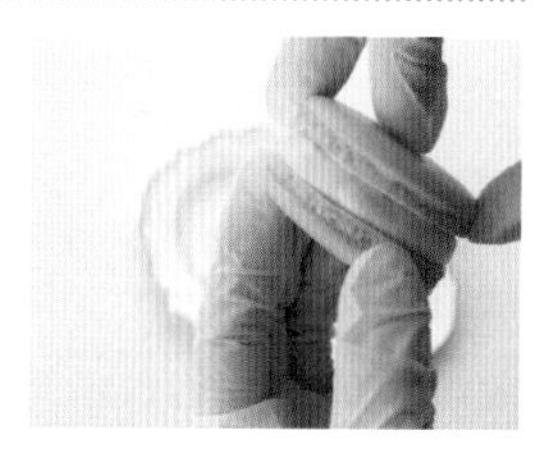

❸ 마카롱의 테두리까지 필링이 잘 퍼지도록 손으로 살짝 비비듯이 눌러요.

tip. 버터크림은 점도가 있어 중앙부터 짜면 필링을 고르게 채울 수 없어요.

두 가지 재료 필링 몽타주

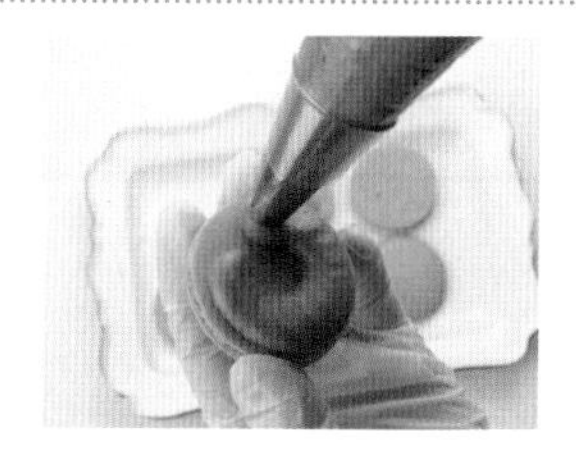

❶ 짤주머니에 0.5cm 깍지를 끼운 뒤 필링을 담고, 코크의 테두리를 따라 원을 그리듯이 짜주세요. 이때 중앙에는 공간을 남겨요.

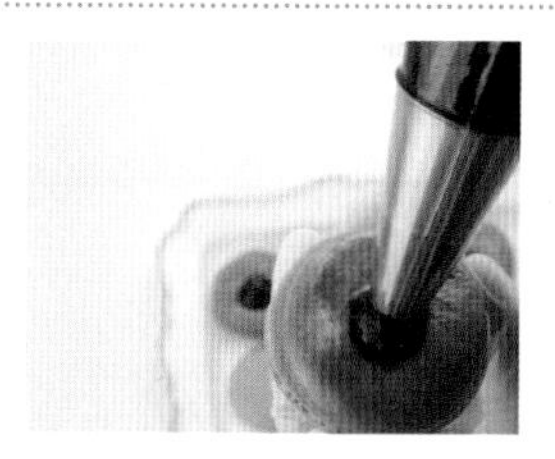

❷ 가운데 남아 있는 공간에 다른 필링을 채워요.

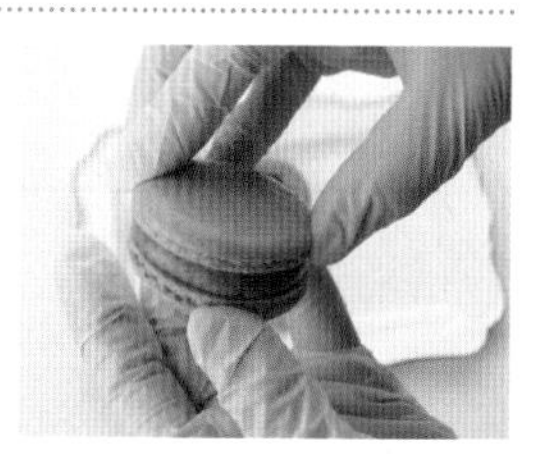

❸ 마카롱의 테두리까지 필링이 잘 퍼지도록 손으로 살짝 비비듯이 눌러요.

마카롱 숙성과 보관법

정성스럽게 만든 마카롱, 어떻게 보관하고
언제까지 먹을 수 있는지 정확히 알아야 두고두고 먹을 수 있겠죠.
마카롱 숙성과 보관법에 대해 알아보아요.

마카롱은 어떻게 보관해야 가장 맛있게 먹을 수 있을까요? 마카롱을 가장 맛있게 먹기 위해서는 24시간 동안 기다려야 해요. 바로 숙성이라는 과정을 거쳐야하기 때문이죠. 다 만들면 먹을 일만 남은 줄 알았는데, 24시간 동안이나 기다리라니!

하지만 코크에 필링의 수분이 스며들어 부드러운 식감을 만들어주고 전체적으로 향과 맛이 고루 배어들기 위해서는 숙성이라는 과정이 꼭 필요해요. 마카롱의 숙성은 낮은 온도에서 천천히 진행되므로 냉장고에서 24시간, 상온에서 약 2시간 정도 걸립니다.

마카롱을 대량으로 생산하는 전문점에서는 급속 냉동 방식으로 긴 시간 마카롱을 보관합니다. 마카롱이 완성되면 완전히 밀페된 용기에 넣어 급속으로 냉동시켜 놓고 필요한 수량을 꺼내어 판매하는데 밀봉만 잘 되어 있다면 5개월 이상 마카롱의 맛을 유지할 수 있습니다. 가정용 냉동고는 급속 냉동이 어려워 몇 개월을 보관할 수는 없지만 잘 밀폐된 용기에 담아 보관하면 냉동고에서는 3~4주, 냉장고에서는 3~4일 정도 보관할 수 있어요.

밀봉되지 않으면 수분이 날아가 파삭 부서지는 마카롱이 되거나 냉장고나 냉동고에 있는 냄새를 빨아드려 맛이 변할 수 있으니 꼭 밀폐용기를 이용해주세요. 특히 아이싱으로 모양낸 캐릭터 마카롱은 수분에 약한 아이싱이 냉장이나 냉동고에서 습기를 머금어 물러질 수 있으니 반드시 밀폐용기에 담아 서로 겹치거나 눌리지 않은 상태로 보관합니다.

Intermediate Course

PART 2

변신의 귀재, 다양한 마카롱 만들기

기본 마카롱 레시피

재료에 따라, 그 재료들을 어떻게 섞느냐에 따라

마카롱의 매력은 무궁무진해집니다.

그럼 지금부터 마카롱의 출구 없는 매력에 흠뻑 빠져볼까요?

※ 모든 기본 마카롱(원형) 재료는 지름 약 4.5cm, 이탈리안머랭 35~40개/프렌치머랭 30~35개 분량입니다.

※ 코크 만들기부터 몽타주하는 법은 p.26~p.51을 참고해주세요.

밀크티 마카롱

얼그레이의 쌉쌀한 베르가못 향을 달콤한 화이트초콜릿 가나슈에 담았어요.
티타임을 가지고 싶을 때마다 생각나는 맛이랍니다.

INGREDIENTS

코크(이탈리안 머랭)
아몬드파우더 200g
슈거파우더 200g
달걀흰자 74g
얼그레이잎 조금

> **시럽**

설탕 140g
물 54g

> **머랭**

달걀흰자 74g
설탕 54g

코크(프렌치 머랭)
아몬드파우더 170g
슈거파우더 170g
얼그레이잎 조금

> **머랭**

달걀흰자 140g
설탕 70g

필링(가나슈)
생크림 150g
얼그레이잎 10g
화이트초콜릿 180g
버터 80g

RECIPE

❶ 따뜻하게 데운 생크림에 얼그레이잎을 넣고 3분간 우려요.

❷ 우려낸 생크림을 체에 걸러 얼그레이잎을 제거한 뒤 다시 살짝 데워요.

❸ 중탕으로 녹인 화이트초콜릿에 ②를 조금씩 넣으며 섞어요.

❹ 초콜릿과 생크림이 완전히 섞이면 실온에 두어 말랑해진 버터를 넣고 매끈하게 섞어요.

tip. 주걱을 사용해도 좋지만 핸드블렌더로 갈아 섞으면 더 고르게 마무리 돼요.

❺ 실온에서 짜기 좋게 굳으면 짤주머니에 담아 코크에 짠 뒤 몽타주해요.

카푸치노 마카롱

커피 한 잔으로도 지친 몸을 달래기 부족할 때, 카푸치노 마카롱이 피곤을 살살 녹여줄 거예요.
그윽한 커피 향이 가득 담긴 카푸치노 마카롱과 따뜻한 커피 한 잔을 함께하며 잠시 쉬어가세요.

INGREDIENTS

코크(이탈리안 머랭)
아몬드파우더 200g
슈거파우더 200g
달걀흰자 74g
갈색 색소 조금

> **시럽**
설탕 140g
물 54g

> **머랭**
달걀흰자 74g
설탕 54g

코크(프렌치 머랭)
아몬드파우더 170g
슈거파우더 170g
갈색 색소 조금

> **머랭**
달걀흰자 140g
설탕 70g

필링(가나슈)
생크림 150g
에스프레소 또는 인스턴트커피 30g
시나몬파우더 16g
화이트초콜릿 180g
버터 80g

RECIPE

❶ 생크림에 에스프레소와 시나몬파우더를 넣고 중불에서 데워요.

❷ 중탕으로 녹인 화이트초콜릿에 ①을 조금씩 넣어가며 섞어요.

❸ 초콜릿과 생크림이 완전히 유화되면 실온에서 말랑해진 버터를 넣고 매끈하게 섞어요.

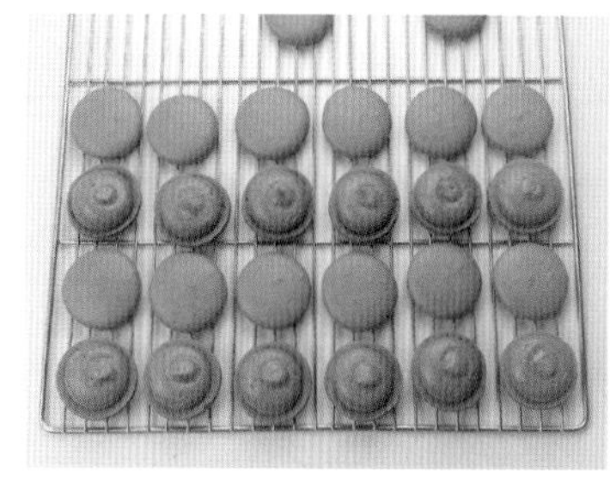

❹ 실온에서 짜기 좋게 굳으면 짤주머니에 담아 코크에 짠 뒤 몽타주해요.

와인 마카롱

로맨틱한 분위기를 내고 싶은 날, 사랑하는 사람과 함께 먹고 싶은 마카롱!
와인을 머금은 촉촉한 필링 때문에 한층 더 고급스러운 느낌이 들어요.
와인을 마시지 못하는 분들도 와인의 쌉싸래하면서 깊은 맛에 흠뻑 취해보세요.

INGREDIENTS

코크(이탈리안 머랭)
아몬드파우더 200g
슈거파우더 200g
달걀흰자 74g
빨간 색소 조금

> **시럽**
설탕 140g
물 54g

> **머랭**
달걀흰자 74g
설탕 54g

코크(프렌치 머랭)
아몬드파우더 170g
슈거파우더 170g
빨간 색소 조금

> **머랭**
달걀흰자 140g
설탕 70g

필링(가나슈)
레드와인 60g
통계피 1개
생크림 20g
전화당(물엿) 20g
다크초콜릿 60g
버터 48g

RECIPE

❶ 냄비에 레드와인과 통계피를 넣고 끓여서 졸인 뒤 통계피를 건져내요.

❷ 다른 냄비에 생크림, 전화당을 넣고 중불에서 데운 뒤 ①을 넣어 섞어요.

❸ 중탕으로 녹인 다크초콜릿에 ②를 조금씩 넣어가며 섞어요.

❹ 잘 유화되면 실온에 두어 말랑해진 버터를 넣고 섞어요. 냄비채로 얼음물에 담가 살짝 굳혀요.

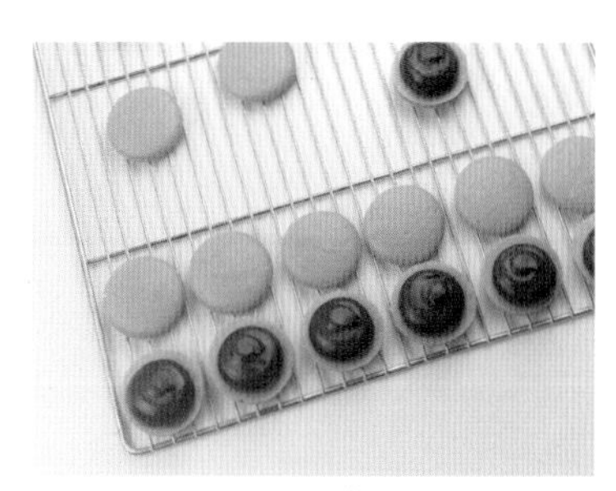

❺ 짜기 좋은 상태로 굳으면 짤주머니에 담아 코크에 짠 뒤 몽타주해요.

와사비 마카롱

푸릇푸릇 새초롬한 와사비 마카롱. 톡 쏘는 알싸한 와사비 맛과
달콤한 화이트초콜릿 가나슈가 어우러져 훌륭한 맛의 조화를 이룬답니다.
와사비 마카롱이라고 매울까봐 겁먹지 말고 도전해보세요.
이것은 신세계! 고소하면서 알싸한 맛에 반할 거예요.

INGREDIENTS

코크(이탈리안 머랭)
아몬드파우더 200g
슈거파우더 200g
달걀흰자 74g
녹색 색소 조금

> **시럽**
설탕 140g
물 54g

> **머랭**
달걀흰자 74g
설탕 54g

코크(프렌치 머랭)
아몬드파우더 170g
슈거파우더 170g
녹색 색소 조금

> **머랭**
달걀흰자 140g
설탕 70g

필링(가나슈)
생크림 160g
화이트초콜릿 200g
와사비 18g
버터 120g

RECIPE

❶ 생크림을 중불에서 데워요.

❷ 중탕으로 녹인 화이트초콜릿에 ①을 조금씩 넣어가며 섞어요.

❸ 초콜릿과 생크림이 완전히 유화되면 와사비와 실온에 두어 말랑해진 버터를 넣고 매끈하게 섞어요.

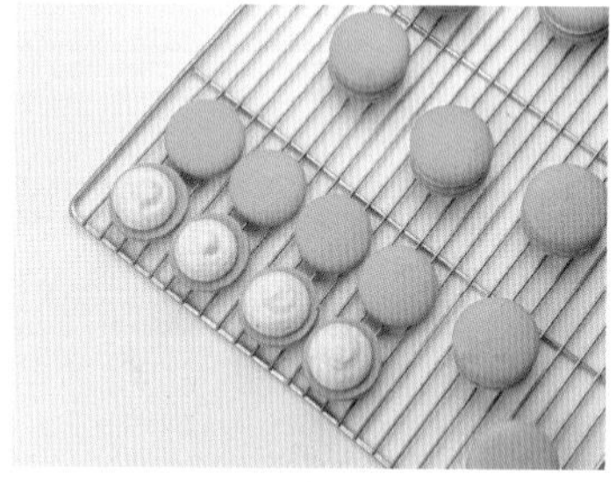

❹ 실온에서 짜기 좋게 굳으면 짤주머니에 담아 코크에 짠 뒤 몽타주해요.

인절미 마카롱

프랑스 정통 디저트인 마카롱과 우리 떡 재료가 만나 찰떡궁합을 이룬 이색 디저트예요.
출출할 때 고소한 콩가루 향이 진하게 나는 쫄깃한 식감의 인절미 마카롱과 우유를 함께 먹으면 속이 든든해져요.

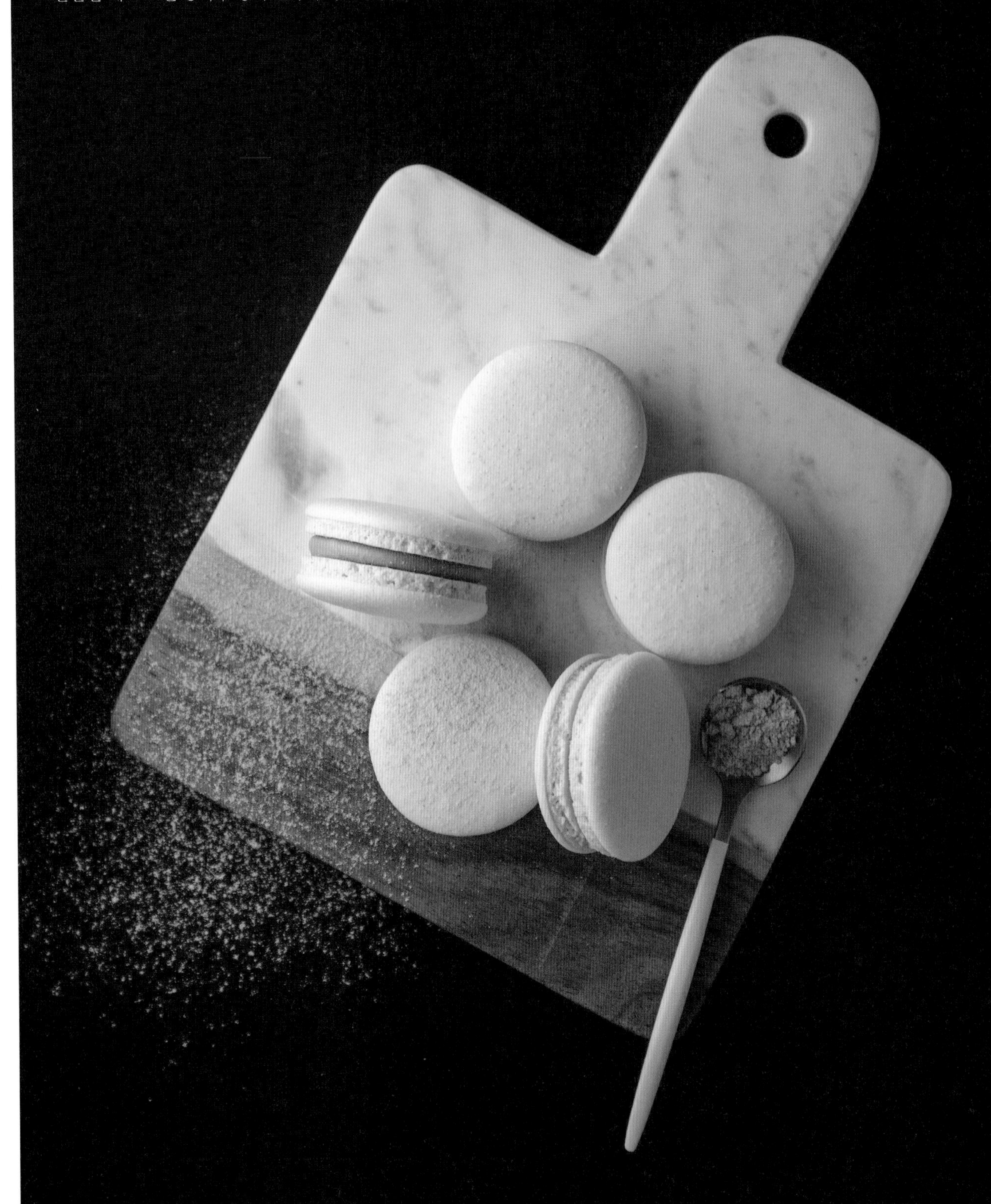

INGREDIENTS

코크(이탈리안 머랭)
아몬드파우더 200g
슈거파우더 200g
달걀흰자 74g
콩가루 조금

> **시럽**
설탕 140g
물 54g

> **머랭**
달걀흰자 74g
설탕 54g

코크(프렌치 머랭)
아몬드파우더 170g
슈거파우더 170g
콩가루 조금

> **머랭**
달걀흰자 140g
설탕 70g

필링(앙글레즈 버터크림)
앙글레즈 버터크림 160g
콩가루 30g
인절미 조금

RECIPE

❶ 앙글레즈 버터크림을 만들고(p.45 참고) 인절미를 작게 잘라요.

❷ ①에 콩가루를 넣고 섞어요.

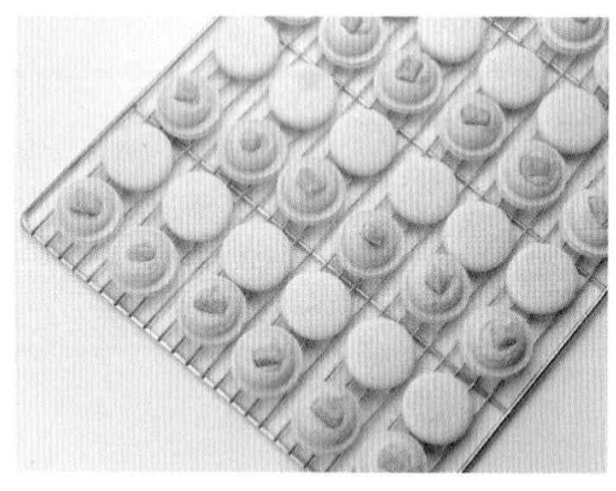

❸ 짤주머니에 담아 코크 위에 짠 뒤 크림 중앙에 인절미를 얹고 몽타주해요.

소금우유 마카롱

부드러운 우유 버터크림과 짭쪼름한 소금이 만난 마카롱이에요.
우유에 소금을 조금 넣으면 신기하게도 고소한 맛이 더해져요.
버터크림이 느끼하다고 싫어하는 분들도 풍부한 우유 맛과 소금의 감칠맛에 자꾸만 손이 가게 될 거예요.

INGREDIENTS

코크(이탈리안 머랭)
아몬드파우더 200g
슈거파우더 200g
달걀흰자 74g
파란 색소 조금

> **시럽**

설탕 140g
물 54g

> **머랭**

달걀흰자 74g
설탕 54g

코크(프렌치 머랭)
아몬드파우더 170g
슈거파우더 170g
파란 색소 조금

> **머랭**

달걀흰자 140g
설탕 70g

필링(앙글레즈 버터크림)
앙글레즈 버터크림 160g
생크림 150g
탈지분유 138g
소금 조금

RECIPE

❶ 앙글레즈 버터크림을 만들어(p.45 참고) 준비해요.

❷ ①에 상온에 꺼내놓은 생크림과 탈지분유를 넣고 매끈하게 섞어요.

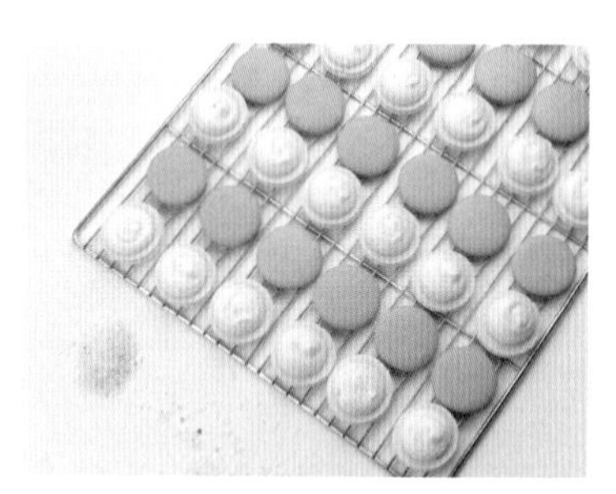

❸ 짤주머니에 담아 코크 위에 짠 뒤 크림 중앙에 소금을 조금 뿌리고 몽타주 해요.

tip

소금은 가급적 가공과정을 거치지 않은 굵은 소금, 천일염 종류를 사용해주세요. 프랑스에서 나는 최고급 소금인 '플뢰르 드 셀(fleur de sel)'을 넣으면 더욱 깔끔하고 고급진 마카롱을 맛볼 수 있어요. '소금의 꽃'이라는 뜻의 플뢰르 드 셀은 섬세하고 부드러운 짠맛과 짠맛 뒤에 오는 감칠맛 나는 단맛, 촉촉한 촉감 등이 특징이에요.

라임 마카롱

상쾌한 청량감과 싱그러운 향이 가득해 부담없이 먹기 좋아요.
새콤한 라임에는 비타민C도 풍부하답니다.
상큼한 라임마카롱으로 리프레시 타임을 가져보세요.

INGREDIENTS

코크(이탈리안 머랭)
아몬드파우더 200g
슈거파우더 200g
달걀흰자 74g
노란 색소 조금
녹색 색소 조금

> **시럽**
설탕 140g
물 54g

> **머랭**
달걀흰자 74g
설탕 54g

코크(프렌치 머랭)
아몬드파우더 170g
슈거파우더 170g
노란 색소 조금
녹색 색소 조금

> **머랭**
달걀흰자 140g
설탕 70g

필링(이탈리안 버터크림)
이탈리안 버터크림 180g
라임퓨레 138g
라임즙 10g
라임필 조금

RECIPE

❶ 이탈리안 버터크림을 만들어(p. 46 참고) 준비해요.

❷ 라임퓨레와 라임즙을 섞은 뒤 미지근하게 데워 버터와 온도를 맞춰요.

❸ ①에 ②를 넣고 매끈하게 섞어요.

❹ 짤주머니에 담아 코크 위에 짠 뒤 크림 중앙에 라임필을 조금 뿌리고 몽타주해요.

바닐라크림치즈 마카롱

누구나 좋아하는 바닐라와 부드러운 크림치즈가 만났어요. 크림치즈는 구하기도 쉽고 별다른 조리가 필요 없어 만들기 편해요. 어른과 아이 모두 좋아하는 부드러운 맛이랍니다.

INGREDIENTS

코크(이탈리안 머랭)
아몬드파우더 200g
슈거파우더 200g
달걀흰자 74g
파란 색소 조금

> **시럽**
설탕 140g
물 54g

> **머랭**
달걀흰자 74g
설탕 54g

코크(프렌치 머랭)
아몬드파우더 170g
슈거파우더 170g
파란 색소 조금

> **머랭**
달걀흰자 140g
설탕 70g

필링(파트 아 봉브 버터크림)
파트 아 봉브 버터크림 150g
크림치즈 120g
바닐라빈 1개

RECIPE

❶ 파트 아 봉브 버터크림을 만들어 (p.47 참고) 준비해요.

❷ 크림치즈를 휘핑기로 부드럽게 풀어 크림 상태로 만든 뒤 ①에 넣고 매끈하게 섞어요.

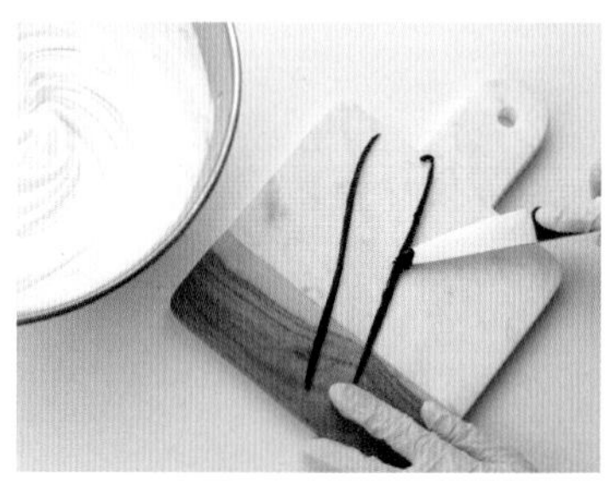

❸ 바닐라빈을 세로로 반 갈라 칼등으로 씨를 긁어내 ②에 넣고 섞어요.

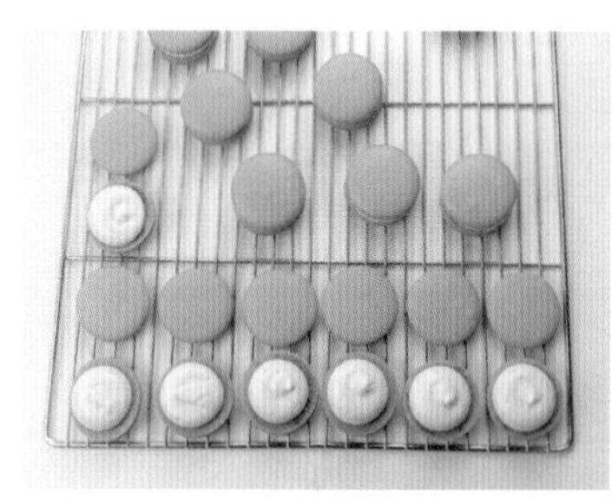

❹ 짤주머니에 담아 코크 위에 짠 뒤 몽타주해요.

딸기요거트 마카롱

한입 깨물면 딸기씨가 톡톡 터지고, 유산균이 살아 있는 듯 생생한 요거트 맛이 나요.
마카롱 필링으로 가장 많이 사용되는 딸기잼은 단독으로 사용해도 좋고, 다른 필링과 믹스해도 좋아요.
상큼한 맛을 좋아하는 여자들이 가장 많이 찾는 마카롱이랍니다.

INGREDIENTS

코크(이탈리안 머랭)
아몬드파우더 200g
슈거파우더 200g
달걀흰자 74g
빨간 색소 조금

> **시럽**

설탕 140g
물 54g

> **머랭**

달걀흰자 74g
설탕 54g

코크(프렌치 머랭)
아몬드파우더 170g
슈거파우더 170g
빨간 색소 조금

> **머랭**

달걀흰자 140g
설탕 70g

필링(잼)
이탈리안 버터크림 160g
요거트파우더 32g
딸기잼 적당량

RECIPE

❶ 이탈리안 버터크림과 딸기잼을 만들어(p. 46, 49 참고) 준비해요.

❷ ①에 요거트파우더를 넣고 휘핑기로 잘 섞어요.

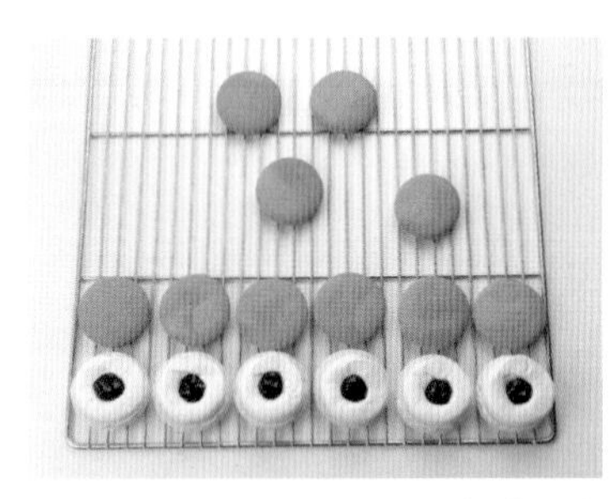

❸ 짤주머니에 넣어 코크 위에 링 모양으로 짜고, 중앙에 딸기잼을 채운 뒤 몽타주해요.

블루베리피스타치오 마카롱

콜레스테롤을 낮춰주는 피스타치오와 세계 10대 푸드에 선정된 블루베리가 만난 건강을 생각한 마카롱이에요.
피스타치오 페이스트를 이용해 손쉽게 필링을 만들 수 있고 다진 피스타치오를 함께 넣어
오도독 씹는 맛을 즐길 수도 있어요. 블루베리와 피스타치오의 만남, 두 마리의 토끼를 잡아보세요!

INGREDIENTS

코크(이탈리안 머랭)
아몬드파우더 200g
슈거파우더 200g
달걀흰자 74g
보라 색소 조금
녹색 색소 조금

> 시럽
설탕 140g
물 54g

> 머랭
달걀흰자 74g
설탕 54g

코크(프렌치 머랭)
아몬드파우더 170g
슈거파우더 170g
보라 색소 조금
녹색 색소 조금

> 머랭
달걀흰자 140g
설탕 70g

필링(잼)
파트 아 봉브 버터크림 120g
블루베리잼 적당량
피스타치오 65g
피스타치오 페이스트 55g

RECIPE

❶ 파트 아 봉브 버터크림과 블루베리잼을 만들어(p.47, 49 참고) 준비해요.

❷ 피스타치오는 180도 오븐에서 13~15분간 구운 뒤 식혀 잘게 다져요.

❸ 파트 아 봉브 버터크림에 ②와 피스타치오 페이스트를 넣고 휘핑기로 잘 섞어요.

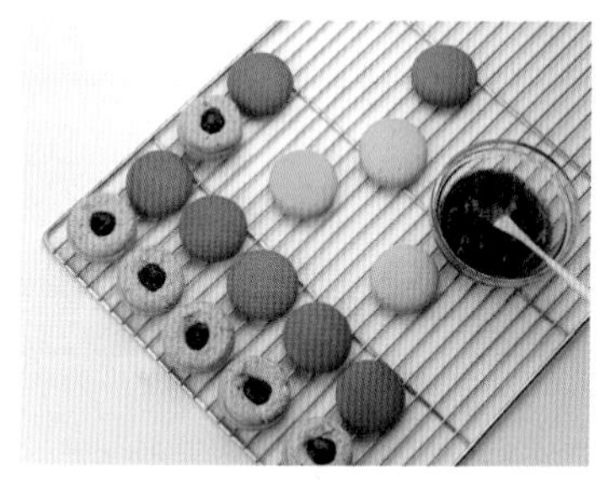

❹ 짤주머니에 넣어 코크 위에 링 모양으로 짜고, 중앙에 블루베리잼을 채운 뒤 몽타주해요.

Advanced Course

PART 3

단 하나뿐인 나만의 캐릭터 마카롱 만들기

캐릭터 마카롱 (아이싱 만들기)

대세는 캐릭터 마카롱! 맛있는 마카롱에 보기만 해도
기분 좋아지는 캐릭터를 입혀보세요.
맛도 멋도 업그레이드 된 세상 하나뿐인
캐릭터 마카롱이 탄생합니다.

※ 모든 기본 마카롱(원형) 재료는 지름 약 4.5cm, 35~40개 분량입니다.
모든 캐릭터 마카롱 재료는 약 30~35개 분량입니다.

아이싱을 만들어보자!

마카롱에 귀여운 캐릭터를 덧입힐 때 빠뜨릴 수 없는 재료는 바로 '아이싱'입니다. 아이싱은 케이크나 쿠키 같은 과자류에 디자인 또는 그림을 그려 넣을 때 사용되는 재료로 장식적인 목적을 위해 주로 쓰이죠. 그래서 본격적인 캐릭터 마카롱 만들기에 앞서 '아이싱' 만드는 법을 먼저 배워볼 거예요.

아이싱의 기본은 '흰색 아이싱'이에요. 흰색 아이싱을 만든 뒤 여기에 색을 입히고 농도를 조절해 원하는 캐릭터를 그려나가는 거죠. 아이싱은 어떤 주재료를 사용하느냐에 따라 크게 두 가지 방법으로 만들 수 있습니다. 하나는 '머랭파우더'를 활용한 아이싱, 두 번째는 '달걀흰자'를 활용해 만든 아이싱이죠. 구하기 쉬운 재료인 달걀흰자로 만든 아이싱이 흔히 쓰이긴 하는데, 아이싱은 실온에서 건조시키는 것이기 때문에 건조되는 시간 동안 간혹 균이 생기기도 해요. 대신 머랭파우더를 활용하면 좀 더 위생적인 편이죠. 각각 장단점이 있으니 편한 방법을 선택하시길 바랍니다.

아이싱 도구 준비하기

아이싱을 만들기 위해 꼭 갖춰야 할 도구들입니다.
이 도구들로 마카롱에 원하는 색과 모양을 입힐 수 있어요.

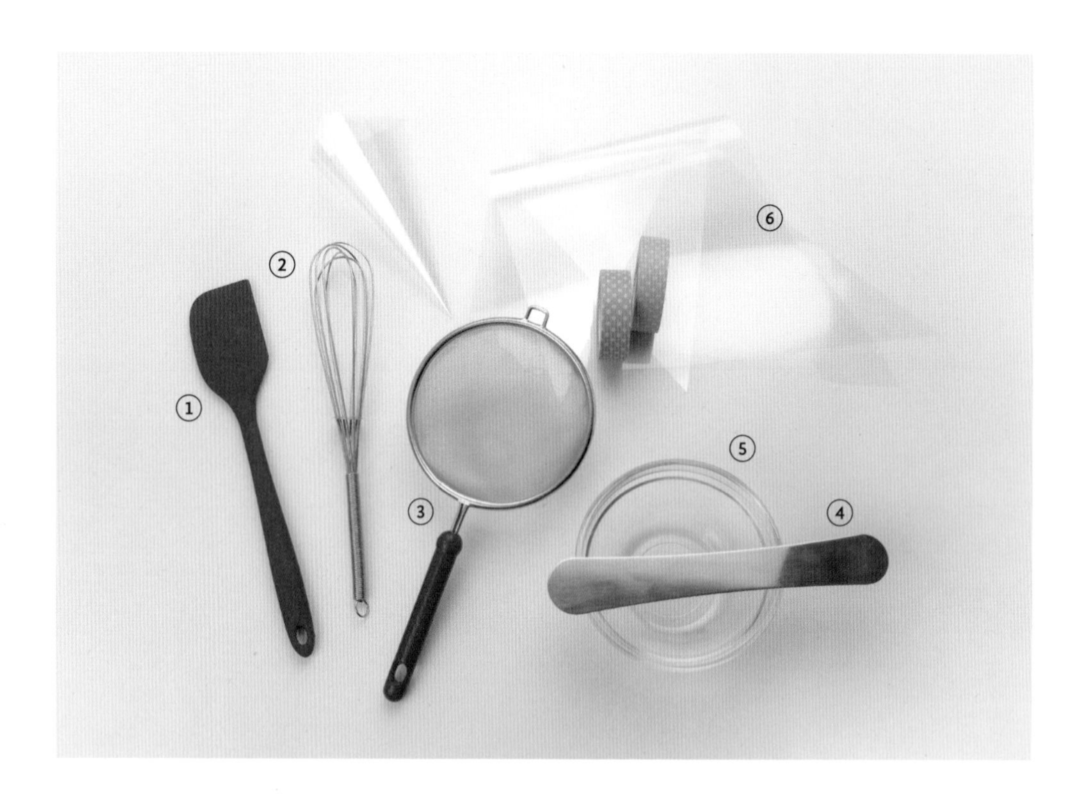

❶ 고무주걱
반죽을 섞거나 깨끗하게 긁어낼 때 사용해요. 끝이 넓고 납작하며 탄성이 좋은 주걱을 사용해야 아이싱을 다루기 쉽습니다.

❷ 미니 거품기
물과 머랭파우더를 섞을 때 사용하면 편리합니다.

❸ 체
가루류를 곱게 체 칠 때 필요한데, 특히 슈거파우더를 체 칠 때는 망이 촘촘한 제품을 사용합니다.

❹ 스패출러
아이싱을 섞거나 짤주머니를 채울 때 사용해요.

❺ 미니 볼
아이싱의 농도를 조절하거나 색을 섞을 때 사용합니다. 재질은 상관없으나 투명 볼을 사용하면 농도와 색상을 쉽게 확인할 수 있어서 좋아요.

❻ OPP시트, 마스킹 테이프
아이싱용 짤주머니는 시중에서 판매되지 않습니다. 일반 짤주머니를 활용할 수도 있지만 캐릭터 마카롱은 섬세한 그림을 그려야 해서 보통 OPP시트를 접어 아이싱용 짤주머니를 만들어 사용해요.

아이싱 재료 준비하기

아이싱 만들기에 필요한 재료들입니다. 아이싱에 사용되는 재료의
특징과 장점을 잘 알아두면 실패 없이 쉽게 아이싱을 만들 수 있어요.

❶ 슈거파우더
설탕을 곱게 분쇄한 것으로 7% 미만의 전분이 포함된 제품을 사용해요.

❷ 머랭파우더
달걀흰자를 살균 처리해 만든 파우더입니다. 달걀흰자로 대체해도 돼요.

❸ 레몬즙 또는 바닐라에센스
달걀흰자로 아이싱을 만들 때 함께 넣으면 비린내를 잡아줘요.

❹ 색소
식용색소와 천연색소, 가루색소, 액체색소가 있으며 우리나라 식약청에서 허가된 색소라면 어느 것을 사용해도 됩니다. 참고로 가루색소는 물에 녹여서 사용해야 하는 번거로움이 있는 반면 액체색소는 바로 사용하기 편리해요.

STEP1 **아이싱 만들기**

아이싱의 기본인 '흰색 아이싱'은 머랭파우더 또는 달걀흰자로도 만들 수 있어요.
저는 주로 머랭파우더를 사용하는데, 여러분은 두 가지 주재료 중 편한 것을 사용하면 됩니다.

① '머랭파우더'로 만들어요!

머랭파우더는 가격대가 조금 있는 편이에요. 하지만 만들어 두었을 때 상할 위험이 적어 위생적이죠. 물의 양으로 되기(농도)를 조절합니다.

INGREDIENTS

머랭파우더 8g, 물 40ml, 슈거파우더 250g

RECIPE

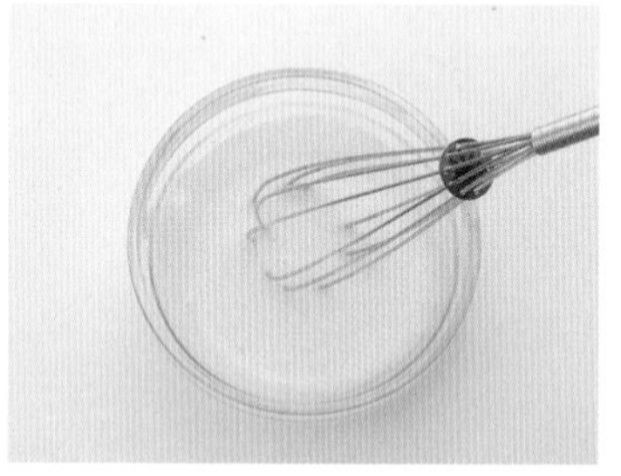

❶ 볼에 머랭파우더와 물을 넣고 덩어리가 없어질 때까지 섞어주세요.

❷ 체 친 슈거파우더에 ①을 체에 걸러 넣고 거품이 생기지 않도록 조심하며 고무주걱으로 빠르게 섞어요.

❸ 반죽이 부드러워질 때까지 고무주걱으로 5분 이상 더 섞어주세요.

❹ 고무주걱을 들어 올렸을 때 윤기가 돌고 뿔이 뾰족하게 서면 단단한 아이싱 완성!

② '달걀흰자'로 만들어요!

어디서나 쉽게 구할 수 있는 재료인 달걀흰자로도 아이싱을 만들 수 있어요. 대신 재료의 특성 때문에 건조 중 균이 생기기도 한다는 사실! 위생에 주의해야 합니다. 달걀흰자의 양으로 되기(농도)를 조절하세요.

INGREDIENTS

달걀흰자 40g, 슈거파우더 250g, 레몬즙 4g

RECIPE

❶ 볼에 알끈을 제거한 달걀흰자와 슈거파우더, 레몬즙을 넣고 고무주걱으로 섞어주세요.

❷ 고무주걱을 들어 올렸을 때 윤기가 돌고 뿔이 뾰족하게 서면 단단한 아이싱 완성!

tip. 재료를 섞을 때는 고무주걱이나 핸드믹서 중 편한 것을 사용하세요. 편한 건 핸드믹서인데 대신 섞는 동안 아이싱에 공기가 주입되기 쉬워서 매끈한 면을 표현할 때는 어려울 수 있어요.

STEP2

아이싱용 짤주머니 만들기

짤주머니는 베이킹 반죽을 짜거나 모양 깍지를 끼워 장식할 때 쓰는 베이킹 도구입니다. 시중에 판매되고 있긴 하나 아이싱에는 아이싱 전용 짤주머니가 필요해요. 이 짤주머니는 오븐시트로 만들어도 되지만 되도록이면 투명 OPP 필름으로 만들기를 추천합니다. 투명한 필름을 통해 컬러를 파악하기 쉽고, 두께가 얇아 손의 힘을 섬세하게 조절할 수 있거든요.

※ 책에서는 이해를 위해 색지를 사용했습니다.

HOW TO MAKE

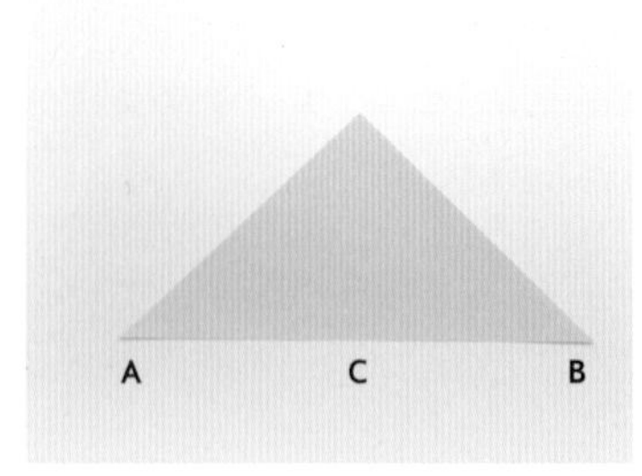

❶ OPP필름을 정사각형(사방 20~25cm)으로 자른 뒤 대각선으로 한 번 더 잘라주세요.

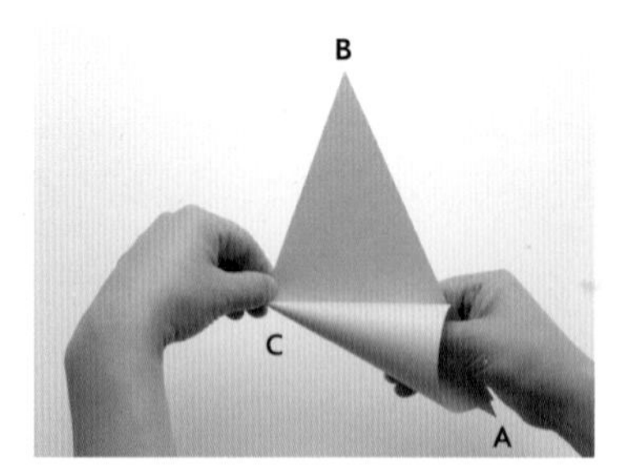

❷ C를 한 손으로 잡고, 그 점을 기준으로 다른 한 손으로 A와 B가 겹쳐질 때까지 둥글게 말아줘요.

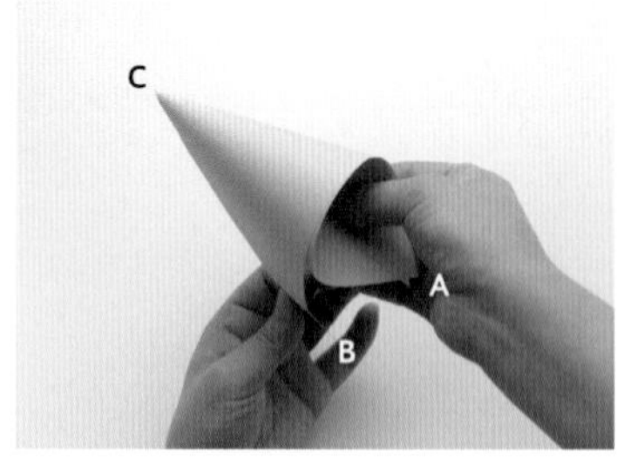

❸ C의 끝을 뾰족하게 만들면서 나머지 부분을 끝까지 감아줘요.

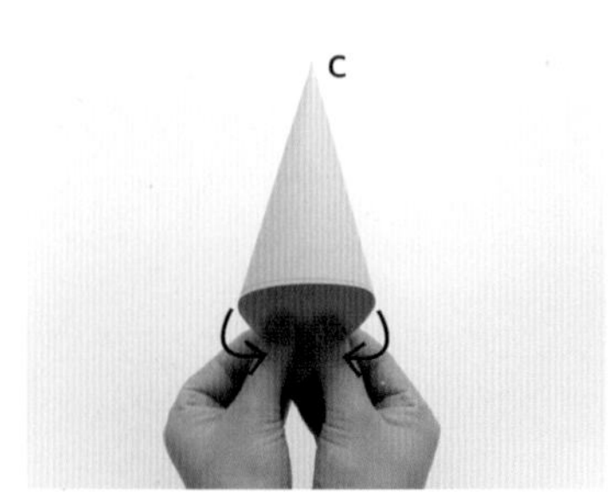

❹ 다 감으면 손가락으로 화살표 방향으로 조금씩 당겨 C의 끝을 더 뾰족하게 만들어요. 빈틈이 생기지 않도록 주의해요.

❺ 틈새 없이 잘 말아진 짤주머니의 이음새에 테이프를 붙여 고정해요.

tip. 같은 컬러지만 농도(단단함, 중간, 묽음)가 다른 아이싱을 여러 개 사용할 때는 이음새에 붙인 테이프로 구분하면 편해요. 다양한 마스킹 테이프를 준비해 활용해 보세요. 아이싱 농도 조절 방법은 p.86을 참고하세요.

STEP3 짤주머니에 아이싱 채우기

필요한 색상과 농도를 맞춰 만든 아이싱을 아이싱용 짤주머니에 채워 넣는 과정입니다.

HOW TO MAKE

❶ 스패출러로 아이싱을 떠서 짤주머니 속에 넣어요.

❷ 새어나오지 않게 손가락으로 아이싱을 막듯이 누르면서 스패출러를 빼요.

❸ 짤주머니 양끝을 가운데 방향으로 좌우로 접어 삼각형으로 만들어요.

❹ 삼각형으로 접은 부분을 몇 차례 접어 짤주머니 끝으로 아이싱을 쭉 밀어내요.

❺ 테이프로 고정해요.

STEP4

아이싱 농도 조절하기

아이싱으로 선과 면을 표현할 때는 물이나 달걀흰자로 농도를 조절해 사용해요. 농도는 3단계, 단단함, 중간, 묽음으로 구분합니다. 앞서 머랭파우더와 달걀흰자로 만든(p.82, 83 참고) 아이싱 레시피대로 만들게 되면 '단단함' 단계로 완성돼요.

아이싱 농도 3단계

단단함A
스패출러로 섞은 뒤 들어 올렸을 때 흘러내리지 않고, 휘저으면 단단한 상태로 끝이 뾰족하게 서요.

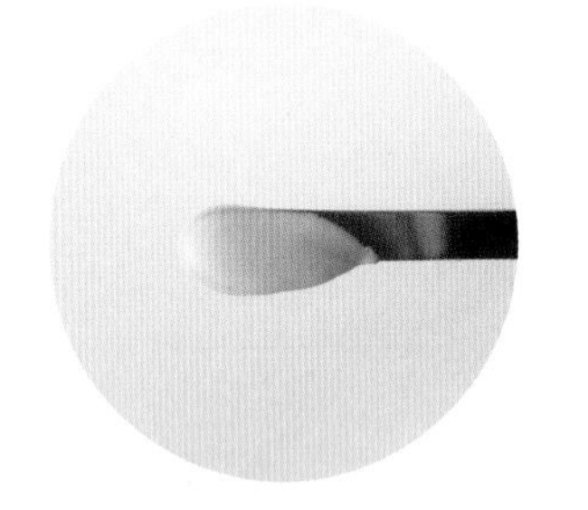

중간B
스패출러로 섞은 뒤 들어 올렸을 때 천천히 아래로 흘러내리며, 휘저으면 자국이 남아요. 테두리나 선을 그릴 때의 농도입니다.

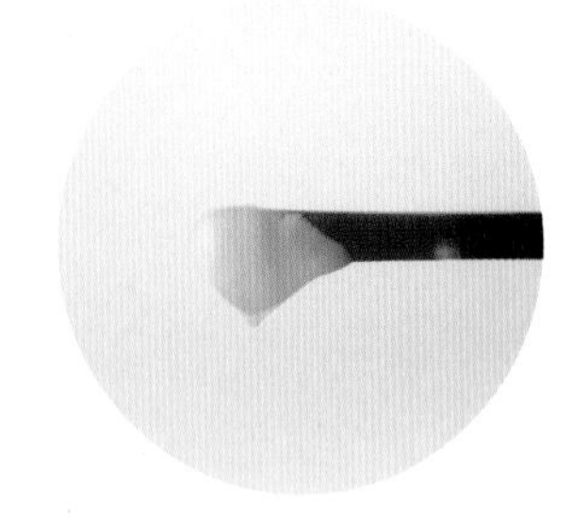

묽음C
스패출러로 섞은 뒤 들어 올렸을 때 바로 흘러내리며, 흐른 자국이 3~5초 안에 사라져요. 면을 넓게 칠할 때의 농도입니다.

아이싱 농도 조절법

농도를 단단하게 만들 때
아이싱이 너무 묽어졌을 때에는 슈거파우더를 넣어 아이싱을 단단하게 만들어주세요.

농도를 묽게 만들 때
'단단함' 단계에서 스패출러 끝에 물이나 달걀흰자를 조금씩 덜어 넣어가며 '중간' 단계의 아이싱을 만들고, 더 많은 양을 넣으면 '묽음' 단계의 아이싱으로 농도를 조절할 수 있어요.

STEP5

아이싱 보관하기

바로 사용하지 않을 때는 아이싱의 표면이 마르는 것을 막기 위해 짤주머니에 담아두거나 밀폐용기에 옮겨 랩으로 입구를 단단히 밀봉한 뒤 냉장고에 보관합니다. 머랭파우더로 만든 아이싱은 약 5~7일, 달걀흰자로 만든 아이싱은 3일 안에 사용해야 해요.

색소가 들어간 아이싱은 시간이 지나면 색이 분리되므로 미리 색을 입히지 말고, 단단한 흰색 상태의 아이싱 그대로 보관합니다. 시간이 지날수록 아이싱의 단단함이 묽어지니 만든 지 1주일 안에는 반드시 사용하길 바랍니다.

tip. 냉장 보관했던 아이싱은 사용하기 전 볼에 옮겨 담고 스패출러로 고르게 한 번 더 섞어주세요. 질감이 매끄러워지고 짤주머니에 넣고 사용할 때 짜기 쉬워져요.

STEP6

아이싱에 컬러 입히기

'흰색 아이싱'에 캐릭터에 맞는 다양한 색소를 섞어 알록달록 원하는 색을 만들어 봅니다. 아이싱 컬러는 조금만 넣어도 색이 확 변하니 이쑤시개나 대나무 꼬치 등으로 소량씩 양을 조절하면서 넣어야 해요.

INGREDIENTS

식용색소 적당량, 흰색 아이싱 적당량

RECIPE

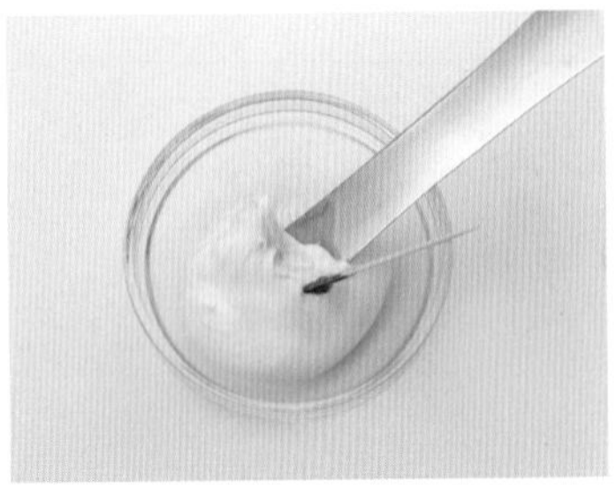

❶ 원하는 식용색소를 이쑤시개 끝으로 소량만 떠서 흰색 아이싱에 넣어요.

❷ 공기가 들어가지 않도록 주의하며 스패출러로 고르게 섞어요.

❸ 원하는 색이 될 때까지 색소를 조금씩 넣어서 완성해요.

ICING COLUMN

아이싱 컬러차트

아이싱의 기본이 되는 흰색을 중심으로 이 책에서 사용되는 17가지 메인 컬러를 소개합니다.
컬러차트를 기준으로 색을 조합하거나 농도를 조절해 캐릭터 마카롱에 적합한 아이싱을 만들어보세요.
저는 윌튼(wilton) 사의 제품이 소량을 사용해도 발색이 뛰어나고 컬러도 다양해서 주로 사용합니다.

연분홍색
핑크 아주 조금

분홍색
핑크 조금

진분홍색
핑크 조금 + 레드 조금

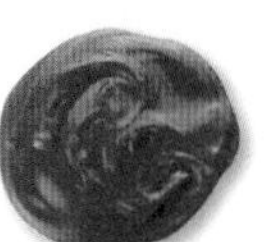

빨간색
레드 많이

주황색
골든옐로 많이 + 레드 아주 조금

노란색
골든옐로 많이

연보라색
바이올렛 아주 조금

보라색
바이올렛 많이

연갈색
브라운 조금 + 골든옐로 조금

갈색
브라운 많이

진갈색
브라운 많이+ 블랙 조금

청록색
켈리그린 많이

녹색
모스그린 많이

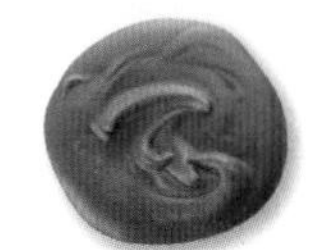

파란색
로얄블루 많이

흰색
아무 색소도 넣지 않고
아이싱 그대로 사용해요.

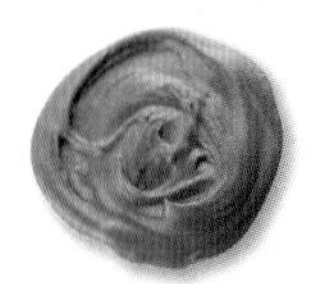

회색
블랙 조금 + 골든옐로
아주 조금

검정색
블랙 많이 + 골든옐로
아주 조금

동물 마카롱

10마리 귀여운 동물 친구들을 소개합니다. 코크 위에 아이싱으로 귀여운 동물을 그려 넣고, 맛있는 필링을 가득 채워주세요. 어느새 캐릭터 마카롱 만들기의 달인이 되어 있을 거예요.

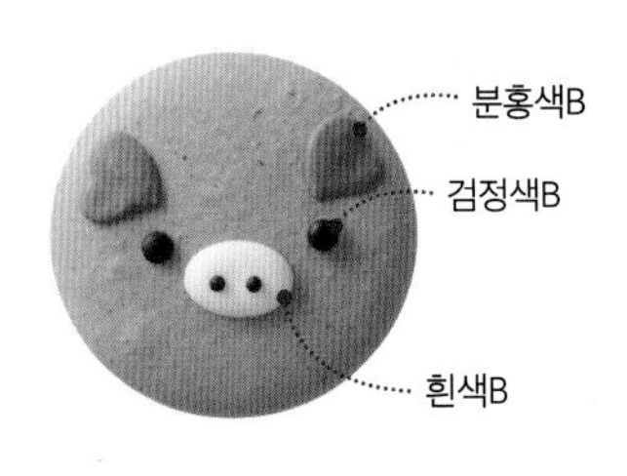

돼지

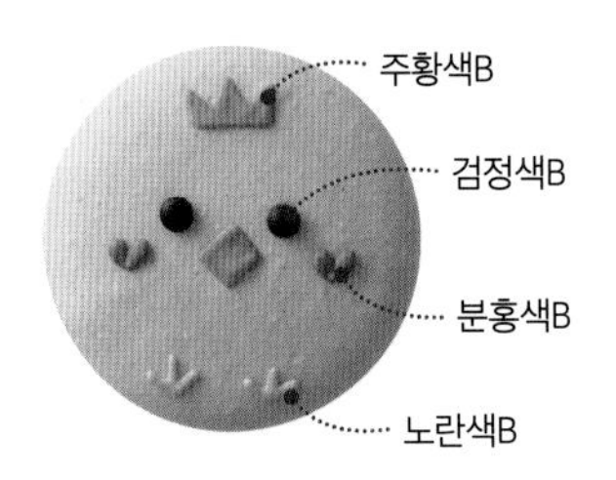

병아리

INGREDIENTS

코크(이탈리안 머랭)
아몬드파우더 200g
슈거파우더 200g
달걀흰자 74g

> 시럽
설탕 140g
물 54g

> 머랭
달걀흰자 74g
설탕 54g

코크 컬러(식용 색소)
돼지 빨간색 4g
병아리 노란색 4g
토끼 청록색 4g
악어 녹색 4g
물개 파란색 4g
팬더 파란색 2g+검정색 2g
코끼리 보라색 2g
고양이 갈색 2g+노란색 2g
강아지 갈색 4g
곰 갈색 2g+검정색 2g

아이싱(A: 단단함 B: 중간 C: 묽음)
분홍색B, 흰색B, 검정색B, 주황색B, 노란색B, 청록색B, 녹색B, 녹색C, 빨간색B, 보라색B, 흰색C, 연갈색B, 진갈색B

코크 준비(p26~35 참고)
재료를 섞어 코크 반죽을 만든 뒤 해당 색소로 컬러를 내요. 완성된 반죽을 짤주머니(1cm 원형 깍지)에 넣어 원형으로 짜고, 40~50분간 실온 건조한 뒤 150도로 달군 오븐에서 14~15분간 굽고 실온에서 완전히 식혀요.

RECIPE

돼지 ▸▸

❶ 분홍색B 아이싱으로 귀를 만들고, 흰색B 아이싱으로 코를 그려요.

❷ 검정색B 아이싱으로 눈과 코를 그리고 다 마르면 원하는 필링을 넣고 몽타주해요.

병아리 ▸▸

❶ 주황색B 아이싱으로 닭벼슬과 부리를 그리고, 노란색B 아이싱으로 발을 그려요.

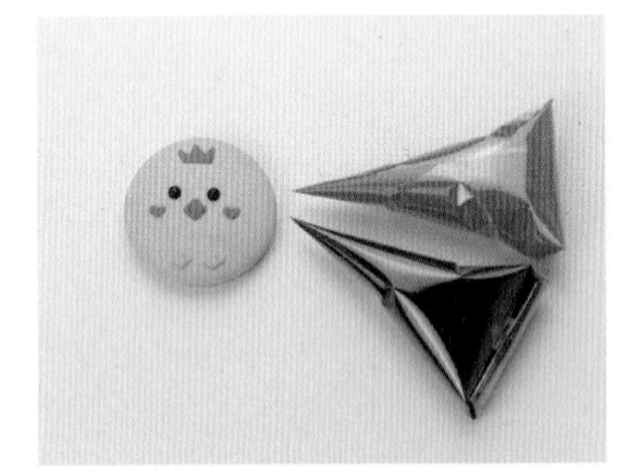

❷ 검정색B 아이싱으로 눈을 만들고, 분홍색B 아이싱으로 볼터치를 해줘요. 다 마르면 원하는 필링을 넣고 몽타주해요.

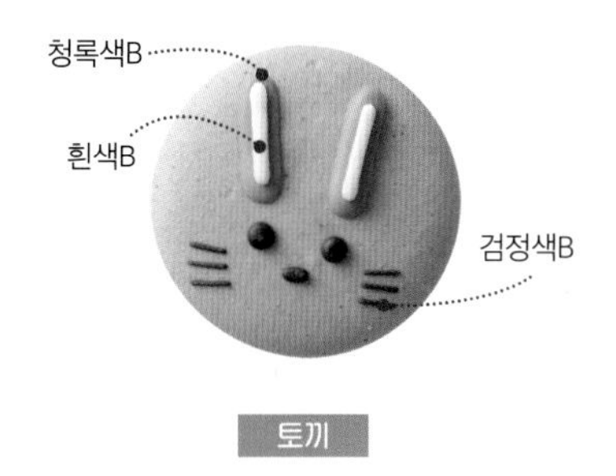

토끼

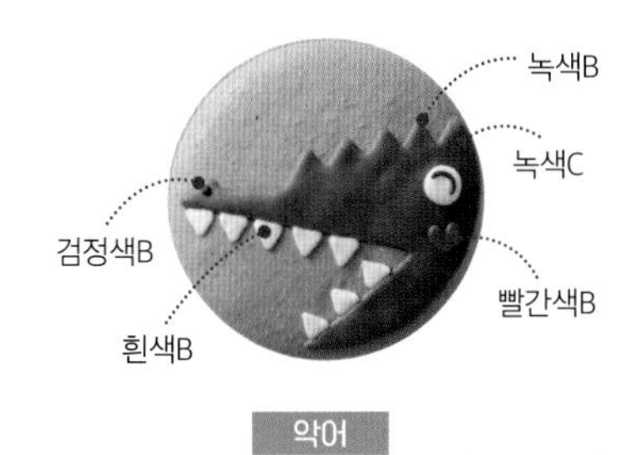

악어

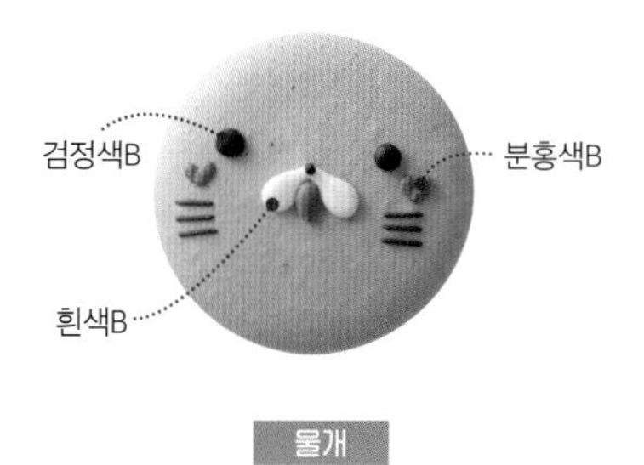

물개

토끼 ▸▸

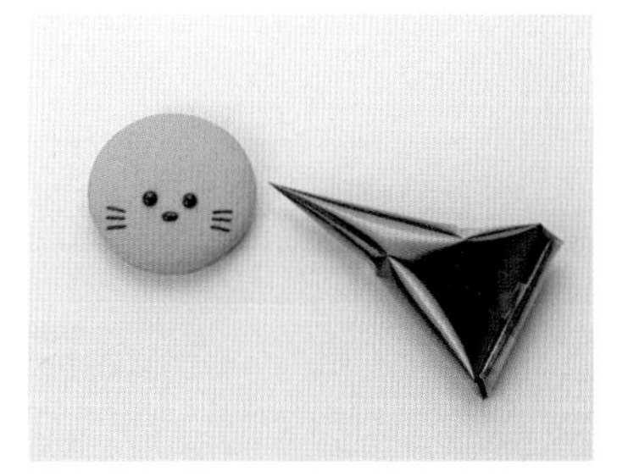

❶ 검정색B 아이싱으로 눈과 수염을 그려요.

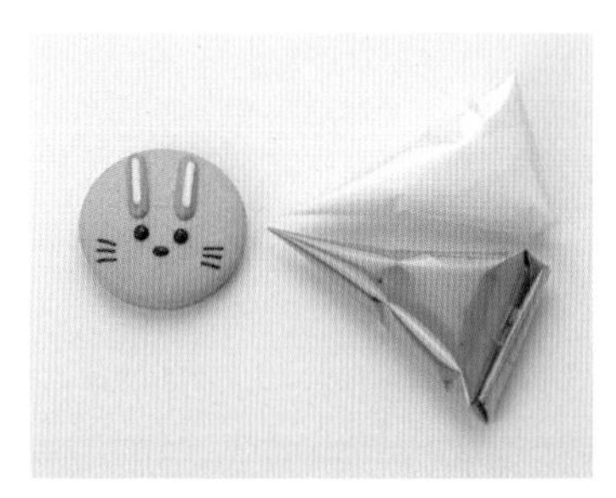

❷ 청록색B 아이싱으로 토끼 귀를 만들고, 그 위에 흰색B 아이싱으로 겹쳐 그려 입체감을 줘요. 다 마르면 원하는 필링을 넣고 몽타주해요.

악어 ▸▸

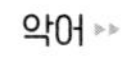

❶ 녹색B 아이싱으로 악어의 테두리를 그린 뒤 녹색C 아이싱으로 안을 채우고 굳혀요.

❷ 흰색B 아이싱으로 눈과 이빨을 그리고, 검정색B 아이싱으로 눈과 코를 만들어요. 빨간색B 아이싱으로 하트 볼터치를 그려 귀여움을 더해요. 다 마르면 원하는 필링을 넣고 몽타주해요.

물개 ▸▸

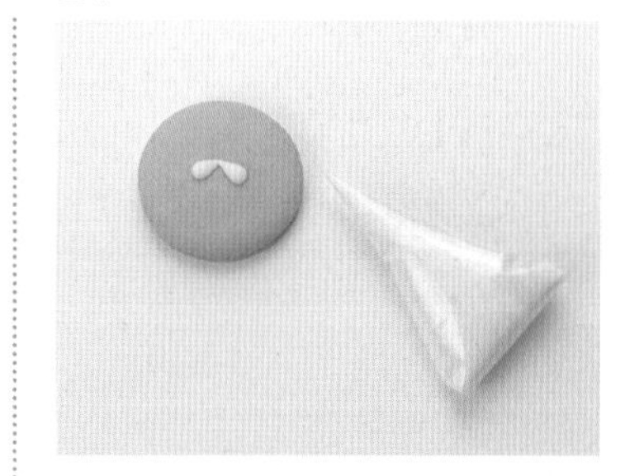

❶ 흰색B 아이싱으로 물방울 모양 두 개를 그려 코를 만들어요.

❷ 검정색B 아이싱으로 눈과 수염을 그리고 분홍색B 아이싱으로 하트 볼터치를 해요. 다 마르면 원하는 필링을 넣고 몽타주해요.

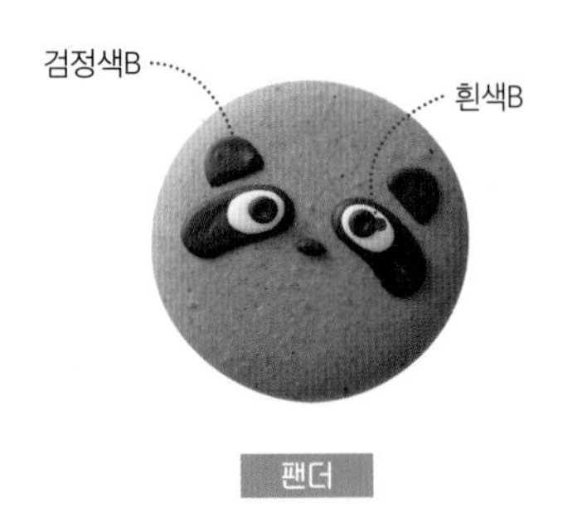

팬더

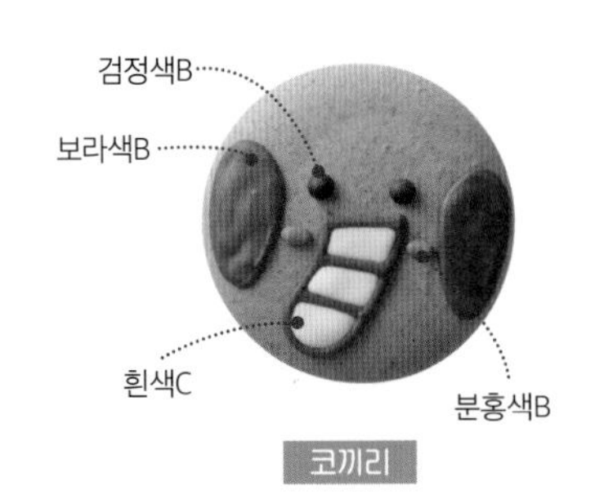

코끼리

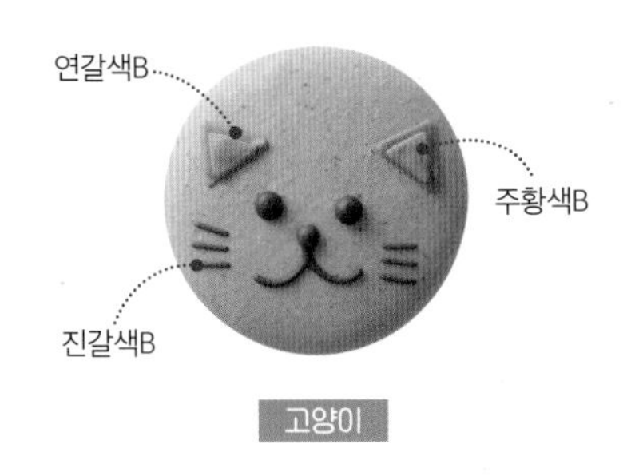

고양이

팬더 ▸▸

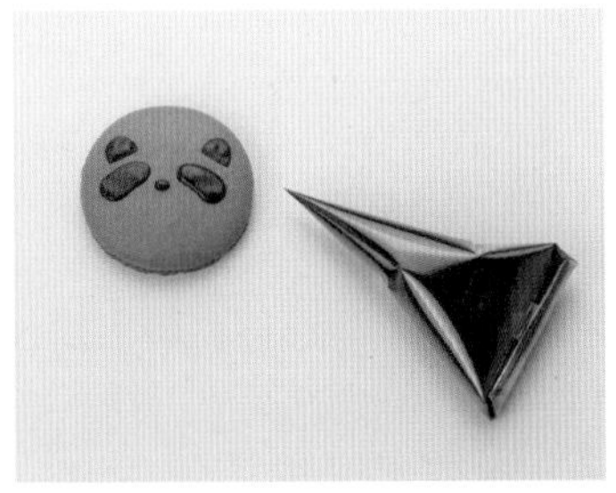

❶ 검정색B 아이싱으로 귀와 점박이 무늬를 그린 뒤 굳혀요.

❷ 흰색B 아이싱으로 눈을 그리고, 검정색B 아이싱으로 눈동자를 만들어요. 다 마르면 원하는 필링을 넣고 몽타주해요.

코끼리 ▸▸

❶ 보라색B 아이싱으로 귀와 코를 그린 뒤 굳혀요.

❷ 검정색B 아이싱으로 눈을 만들고, 분홍색B 아이싱으로 볼터치를 그려요.

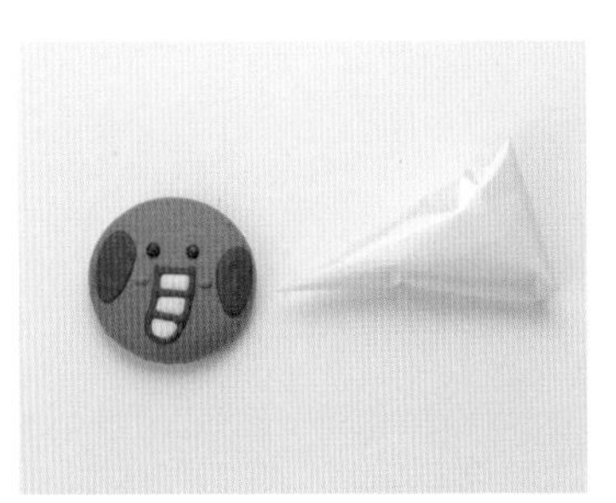

❸ 흰색C 아이싱으로 코끼리 코를 그리고 다 마르면 원하는 필링을 넣고 몽타주해요.

고양이 ▸▸

❶ 연갈색B 아이싱으로 귀를 그리고, 진갈색B 아이싱으로 눈,코, 수염을 만들어요.

❷ 주황색B 아이싱으로 귀에 포인트를 주고 다 마르면 원하는 필링을 넣고 몽타주해요.

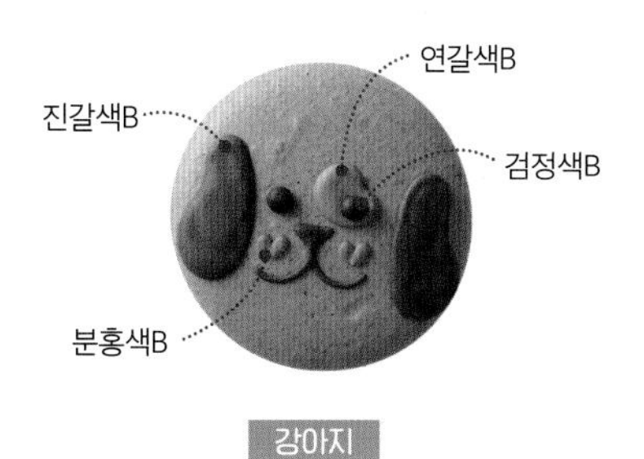

강아지

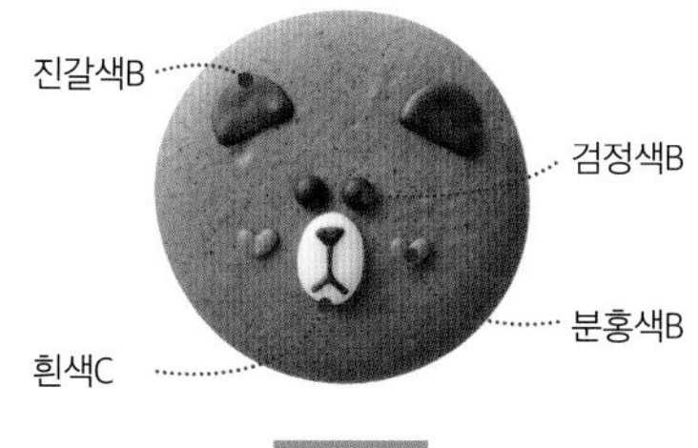

곰돌이

강아지 ▸▸

❶ 진갈색B 아이싱으로 귀와 코를 그려요.

❷ 분홍색B 아이싱으로 하트 볼터치를 해주고, 연갈색B 아이싱으로 점박이 무늬를 그려요.

❸ 검정색B 아이싱으로 눈을 그린 뒤 다 마르면 원하는 필링을 넣고 몽타주해요.

곰돌이 ▸▸

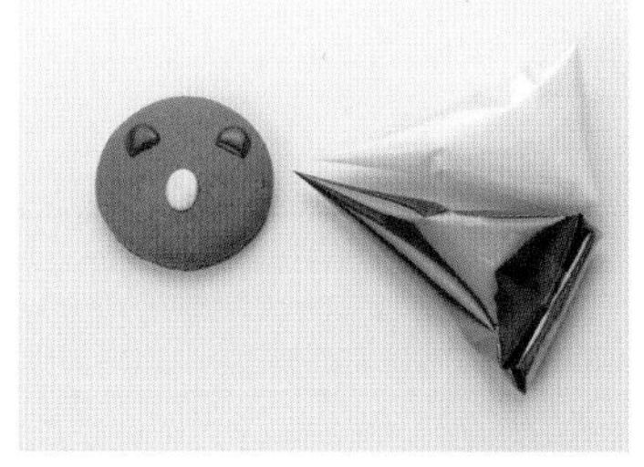

❶ 진갈색B 아이싱으로 반달 모양의 귀를 만들고, 흰색C 아이싱으로 중앙에 타원형 코를 그려요.

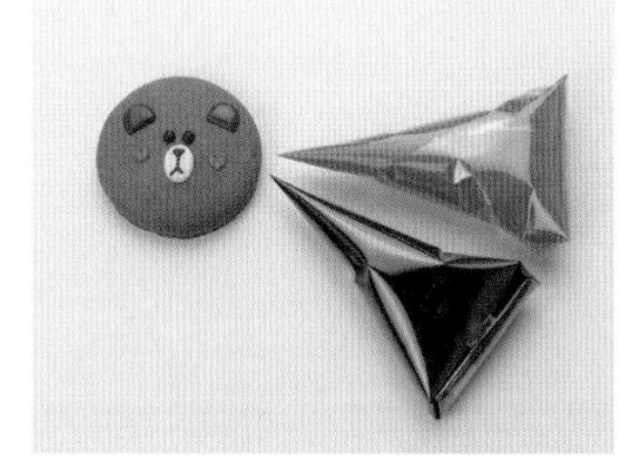

❷ 검정색B 아이싱으로 눈과 코를 그리고, 분홍색B 아이싱으로 하트 볼터치를 해요. 다 마르면 원하는 필링을 넣고 몽타주해요.

토토로 마카롱

도토리나무의 요정, 이웃집 토토로 마카롱입니다.
귀여운 토토로와 함께 신비로운 마카롱 이야기 속으로 들어가 볼까요?

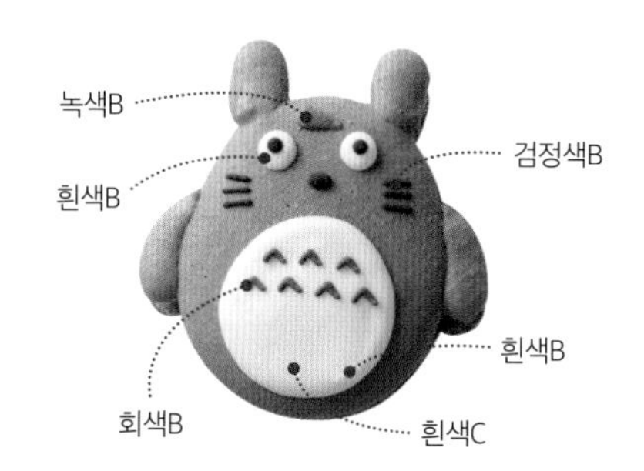

INGREDIENTS

코크(이탈리안 머랭)
아몬드파우더 200g
슈거파우더 200g
달걀흰자 74g

> **시럽**
설탕 140g
물 54g

> **머랭**
달걀흰자 74g
설탕 54g

코크 컬러(식용 색소)
검정색 2g

아이싱(A: 단단함 B: 중간 C: 묽음)
흰색B, 흰색C, 녹색B, 회색B, 검정색B

코크 준비(p26~35 참고)
재료를 섞어 코크 반죽을 만든 뒤 해당 색소로 컬러를 내고, 완성된 반죽을 짤주머니(1cm, 5mm 원형 깍지)에 넣어요. 패턴지를 테플론 시트 밑에 깐 뒤 1cm 깍지를 낀 짤주머니로 몸통을 만들고, 5mm 깍지를 낀 짤주머니로 귀와 팔을 만들어요.

RECIPE

❶ 이쑤시개로 반죽 사이의 이음새를 정리한 뒤 40~50분간 실온 건조해요. 150도로 달군 오븐에 14~15분간 구워 실온에서 완전히 식혀요.

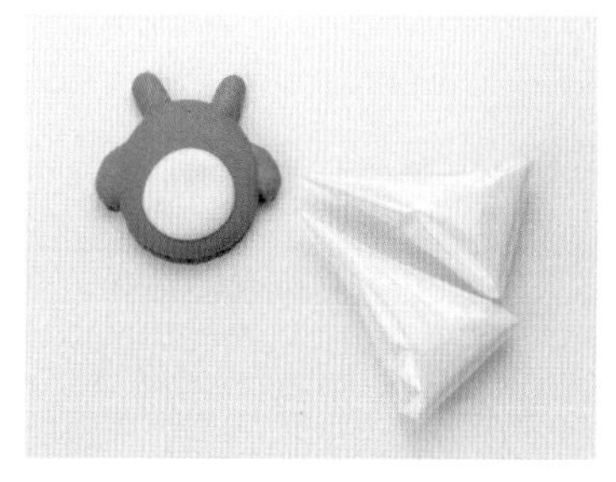

❷ 흰색B 아이싱으로 배 부분 원형 테두리를 그리고, 흰색C 아이싱으로 안을 채워요.

❸ 흰색B 아이싱으로 눈을 그리고, 녹색B 아이싱으로 눈과 눈 사이 나뭇잎을 그려요. 아이싱이 마를 때까지 기다려요.

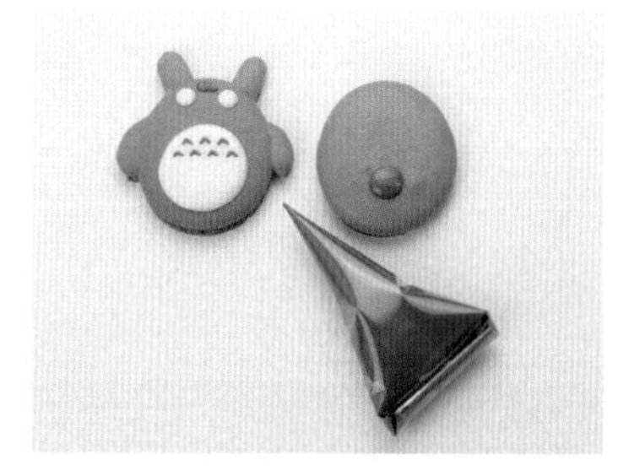

❹ 회색B 아이싱으로 배 부분에 무늬를 그리고, 코크 뒷면에는 회색B 아이싱으로 원형 꼬리를 그려요.

❺ 검정색B 아이싱으로 눈, 코, 수염을 그려요. 다 마르면 원하는 필링을 넣고 몽타주해요.

가오나시 마카롱

목소리도 얼굴도 없어 슬픈 '센과 치히로의 행방불명'의 신스틸러 가오나시 마카롱입니다.
가면 속에 가려진 가오나시를 불러내 볼까요?

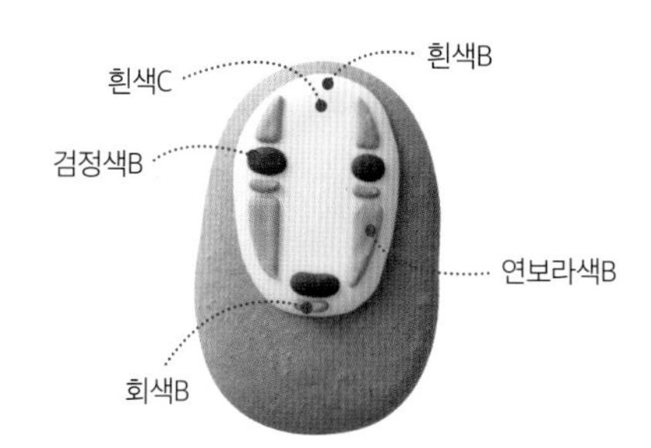

INGREDIENTS

코크(이탈리안 머랭)
아몬드파우더 200g
슈거파우더 200g
달걀흰자 74g

> **시럽**
설탕 140g
물 54g

> **머랭**
달걀흰자 74g
설탕 54g

코크 컬러(식용 색소)
검정색 2g

아이싱(A: 단단함 B: 중간 C: 묽음)
흰색B, 흰색C, 검정색B, 회색B, 연보라색B

코크 준비(p26~35 참고)
재료를 섞어 코크 반죽을 만든 뒤 해당 색소로 컬러를 내고, 완성된 반죽을 짤주머니(1cm 원형 깍지)에 넣어요. 패턴지를 테플론시트 밑에 깔아요.

RECIPE

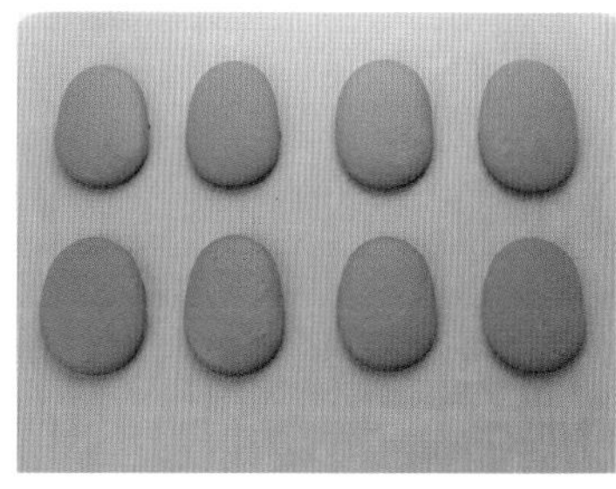

❶ 밑그림을 따라 반죽을 짠 뒤 40~50분간 실온 건조해요. 150도로 달군 오븐에 14~15분간 구워 실온에서 완전히 식혀요.

❷ 흰색B 아이싱으로 가늘게 얼굴 테두리를 그리고, 흰색C 아이싱으로 안을 채워요.

❸ 검정색B 아이싱으로 눈과 입을 그리고, 회색B 아이싱으로 눈과 입 아래에 그림자를 그려요.

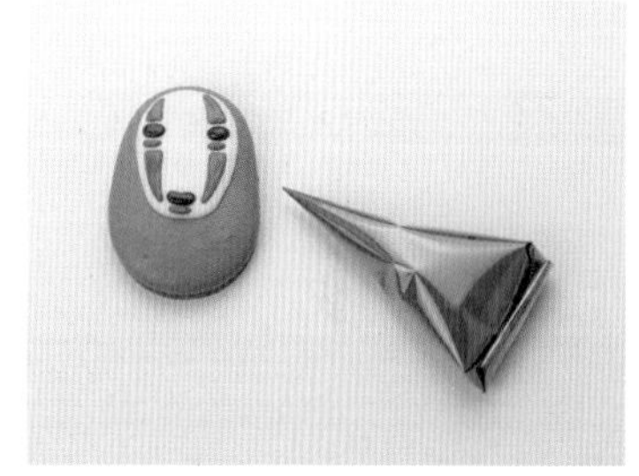

❹ 연보라색B 아이싱으로 가면을 그리고, 다 마르면 원하는 필링을 넣고 몽타주해요.

미니언즈 마카롱

동글동글 노오란 미니언즈를 보면 기분이 업되요. 무한긍정의 에너지를 쏟아내며
언제든지 밝게 웃게 해주는 미니언즈와 신나는 디저트 타임 가져보세요.

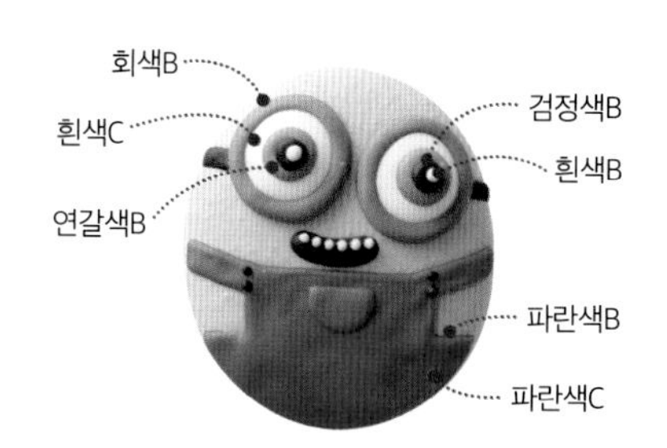

INGREDIENTS

코크(이탈리안 머랭)
아몬드파우더 200g
슈거파우더 200g
달걀흰자 74g

> **시럽**
설탕 140g
물 54g

> **머랭**
달걀흰자 74g
설탕 54g

코크 컬러(식용 색소)
노란색 4g

아이싱(A: 단단함 B: 중간 C: 묽음)
회색B, 흰색C, 연갈색B, 파란색B, 파란색C, 검정색B, 흰색B

코크 준비(p26~35 참고)
재료를 섞어 코크 반죽을 만든 뒤 해당 색소로 컬러를 내고, 완성된 반죽을 짤주머니(1cm 원형 깍지)에 넣어요. 패턴지를 테플론시트 밑에 깔아요.

RECIPE

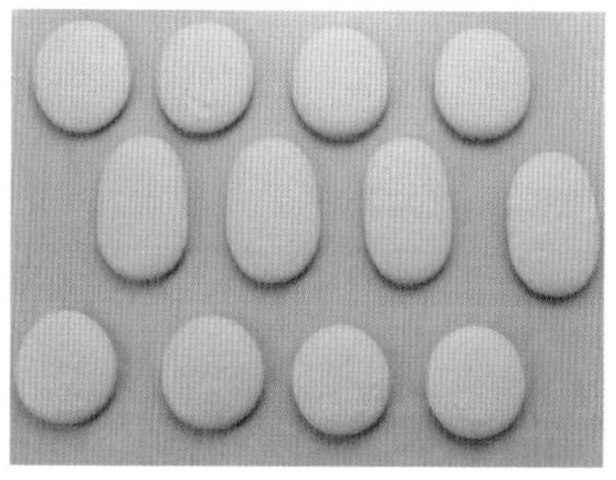

❶ 밑그림을 따라 반죽을 짠 뒤 40~50분간 실온 건조해요. 150도로 달군 오븐에 14~15분간 구워 실온에서 완전히 식혀요.

❷ 회색B 아이싱으로 안경을 그리고, 마르면 흰색C 아이싱으로 안을 채워요. 건조된 흰색 아이싱에 연갈색B 아이싱으로 눈동자를 그려요.

❸ 파란색B 아이싱으로 옷의 테두리를 그리고, 파란색C 아이싱으로 안을 채워요. 아이싱이 마르면 파란색B 아이싱으로 주머니도 그려요.

❹ 검정색B 아이싱으로 눈동자, 입, 머리카락, 안경, 단추를 그려요.

❺ 흰색B 아이싱으로 눈과 입을 완성하고, 다 마르면 원하는 필링을 넣고 몽타주해요.

키티 마카롱

하얀 얼굴에 큰 리본이 포인트인 키티.
키티는 전세계 사람들의 사랑을 받는 국민 고양이죠.
만들기 까다로운 마카롱은 예민하지만 귀여운 아기 고양이를 닮았어요.
금방이라도 "야옹" 하고 울 것만 같은 깜찍한 키티를 만들어보세요.

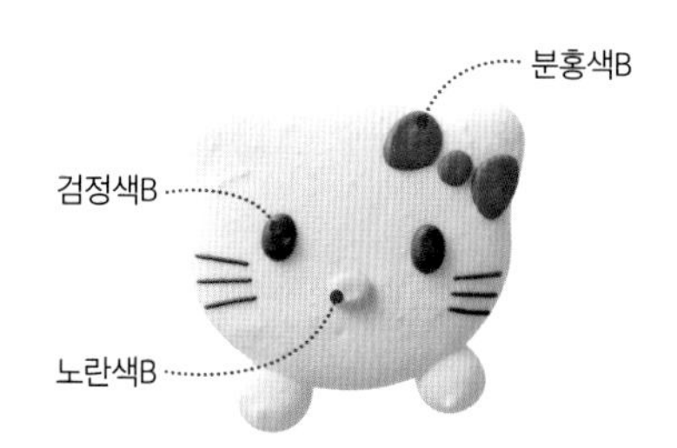

INGREDIENTS

코크(이탈리안 머랭)
아몬드파우더 200g
슈거파우더 200g
달걀흰자 74g

> **시럽**
설탕 140g
물 54g

> **머랭**
달걀흰자 74g
설탕 54g

아이싱(A: 단단함 B: 중간 C: 묽음)
검정색B, 분홍색B, 노란색B

코크 준비(p26~35 참고)
재료를 섞어 코크 반죽을 만든 뒤 완성된 반죽을 짤주머니(1cm, 5mm 원형 깍지)에 넣어요. 패턴지를 테플론시트 밑에 깐 뒤 1cm 깍지를 낀 짤주머니로 몸통을 만들고, 5mm 깍지를 낀 짤주머니로 귀와 팔을 만들어요.

RECIPE

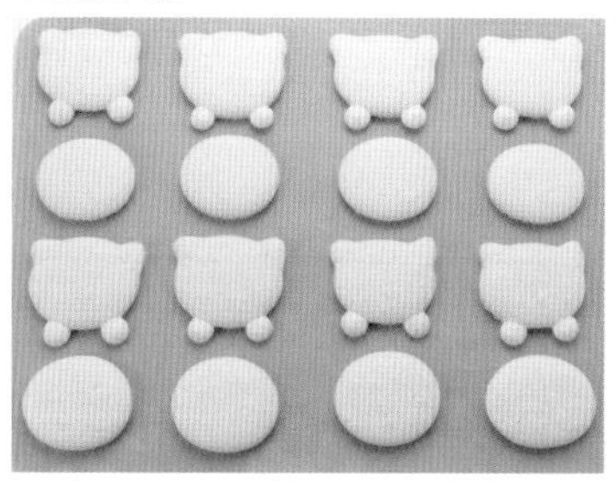

❶ 이쑤시개로 반죽 사이의 이음새를 정리한 뒤 40~50분간 실온 건조해요. 150도로 달군 오븐에 14~15분간 구워 실온에서 완전히 식혀요.

❷ 검정색B 아이싱으로 눈과 수염을 그려요.

❸ 분홍색B 아이싱으로 리본을 만들고, 노란색B 아이싱으로 코를 만들어요. 다 마르면 원하는 필링을 넣고 몽타주해요.

설리 마카롱

몬스터주식회사의 설리! 아이들이 눈을 크게 뜨고 "정말 괴물 맞아요?
괴물인데 왜 이렇게 귀여워요?"라고 물으며 오동통한 손으로 마카롱을 집어요.

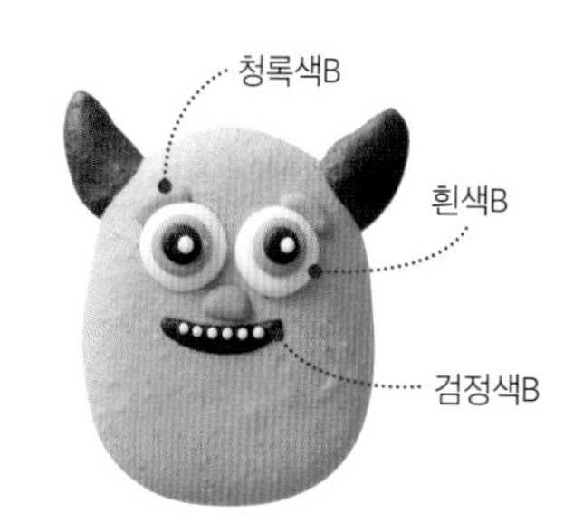

INGREDIENTS

코크(이탈리안 머랭)
아몬드파우더 200g
슈거파우더 200g
달걀흰자 74g

> **시럽**
설탕 140g
물 54g

> **머랭**
달걀흰자 74g
설탕 54g

코크 컬러(식용 색소)
청록색 2g, 검정색 2g+청록색 2g

아이싱(A: 단단함 B: 중간 C: 묽음)
흰색B, 청록색B, 검정색B

코크 준비(p26~35 참고)
재료를 섞어 코크 반죽을 만든 뒤 해당 색소로 컬러를 내고, 완성된 반죽을 짤주머니(1cm, 5mm 원형 깍지)에 넣어요. 패턴지를 테플론 시트 밑에 깐 뒤 1cm 깍지를 낀 짤주머니(청록색)로 얼굴을 만들고, 5mm 깍지를 낀 짤주머니(검정색+청록색)로 귀를 만들어요.

RECIPE

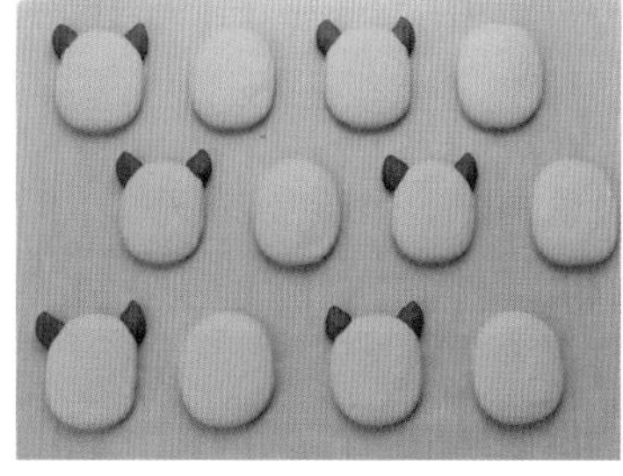

❶ 이쑤시개로 이음새를 정리한 뒤 40~50분간 건조해요. 150도로 달군 오븐에 14~15분간 구워 실온에서 완전히 식혀요.

❷ 흰색B 아이싱으로 눈을 그린 뒤 마르면 청록색B 아이싱으로 눈동자, 코, 눈썹을 그려요.

❸ 검정색B 아이싱으로 눈과 입을 그리고, 마르면 흰색B 아이싱으로 눈동자와 입을 세심하게 그려요. 다 마르면 원하는 필링을 넣고 몽타주해요.

마이크 마카롱

몬스터 주식회사의 설리와 파트너인 마이크. 몬스터가 무섭기만 하다는 편견은
이제 그만! 연두연두 귀엽고 상큼한 마이크를 만나요.

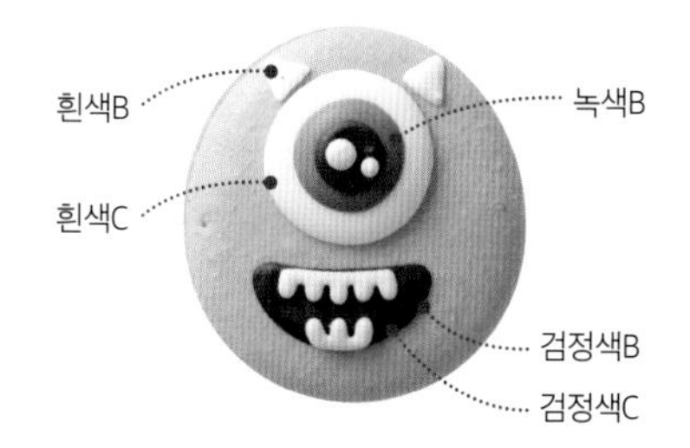

INGREDIENTS

코크(이탈리안 머랭)
아몬드파우더 200g
슈거파우더 200g
달걀흰자 74g

> **시럽**
설탕 140g
물 54g

> **머랭**
달걀흰자 74g
설탕 54g

코크 컬러(식용 색소)
녹색 2g+노란색 2g

아이싱(A: 단단함 B: 중간 C: 묽음)
흰색B, 흰색C, 녹색B, 검정색B, 검정색C

코크 준비(p26~35 참고)
재료를 섞어 코크 반죽을 만든 뒤 해당 색소로 컬러를 내고, 완성된 반죽을 짤주머니(1cm 원형 깍지)에 넣어요. 패턴지를 테플론시트 밑에 깔아요.

RECIPE

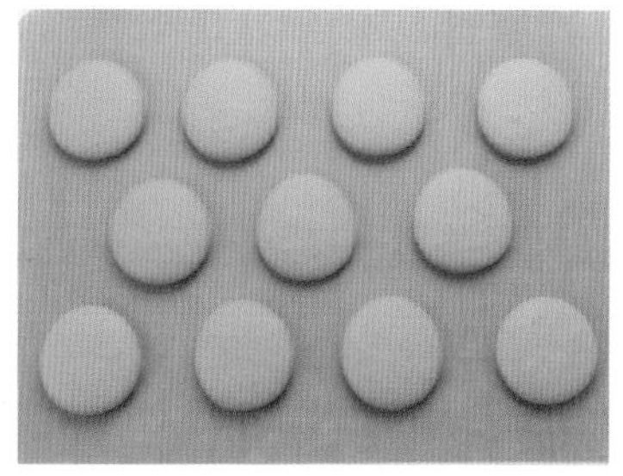

❶ 밑그림을 따라 반죽을 짠 뒤 40~50분간 실온 건조해요. 150도로 달군 오븐에 14~15분간 구워 실온에서 완전히 식혀요.

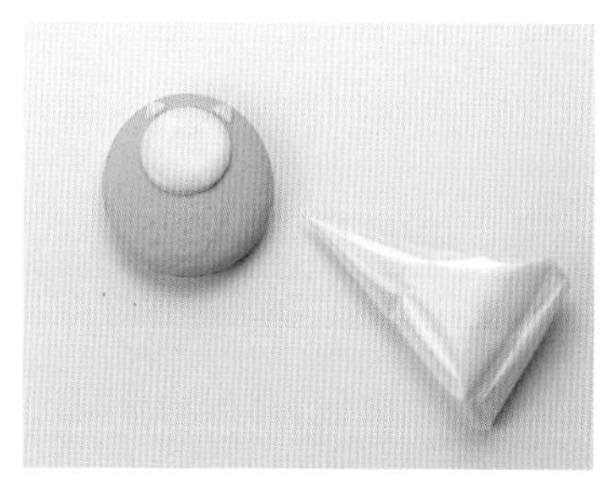

❷ 흰색B 아이싱으로 눈의 테두리를 그리고, 흰색C 아이싱으로 안을 채워요. 흰색B 아이싱으로 뿔도 그려요.

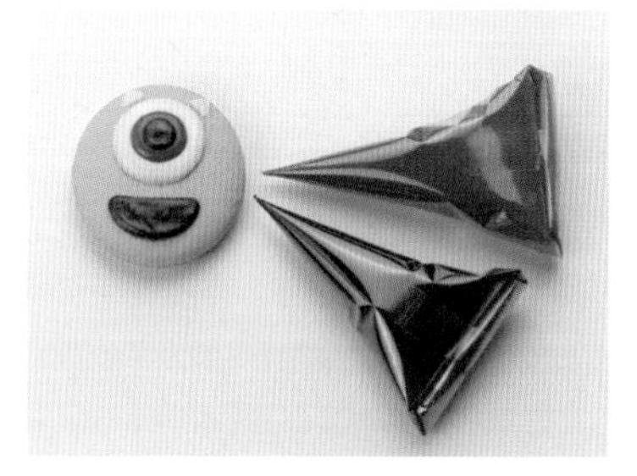

❸ 건조된 흰색 아이싱 위에 녹색B 아이싱으로 눈을 그리고, 마르면 검정색B 아이싱으로 눈동자를 그려요. 검정색B 아이싱으로 입 테두리를 가늘게 그린 뒤 검정색C 아이싱으로 안을 채워요.

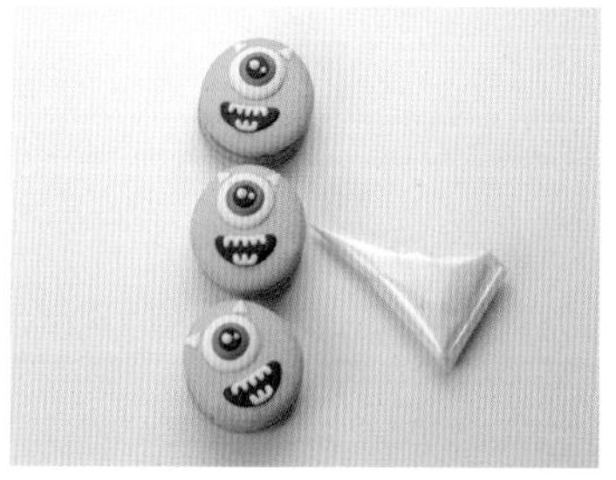

❹ 흰색B 아이싱으로 눈과 이빨을 그리고, 다 마르면 원하는 필링을 넣고 몽타주해요.

스폰지밥 마카롱

네모바지를 입은 구멍이 송송 뚫린 샛노란 스폰지밥!
스폰지밥 마카롱과 함께라면 유쾌한 일이 일어날 것만 같아요!

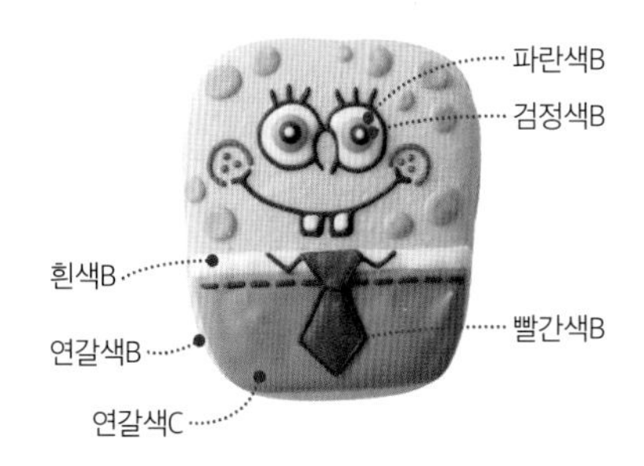

INGREDIENTS

코크(이탈리안 머랭)
아몬드파우더 200g
슈거파우더 200g
달걀흰자 74g

> **시럽**
설탕 140g
물 54g

> **머랭**
달걀흰자 74g
설탕 54g

코크 컬러(식용 색소)
노란색 4g

아이싱(A: 단단함 B: 중간 C: 묽음)
흰색B, 연갈색B, 연갈색C,
파란색B, 검정색B, 빨간색B

코크 준비(p26~35 참고)
재료를 섞어 코크 반죽을 만든 뒤 해당 색소로 컬러를 내요. 완성된 반죽을 짤주머니(1cm 원형 깍지)에 넣어 밑그림을 따라 네모나게 짠 뒤 이쑤시개로 모서리를 정리해요. 40~50분간 실온 건조한 뒤 150도로 달군 오븐에서 14~15분간 굽고 실온에서 완전히 식혀요.

RECIPE

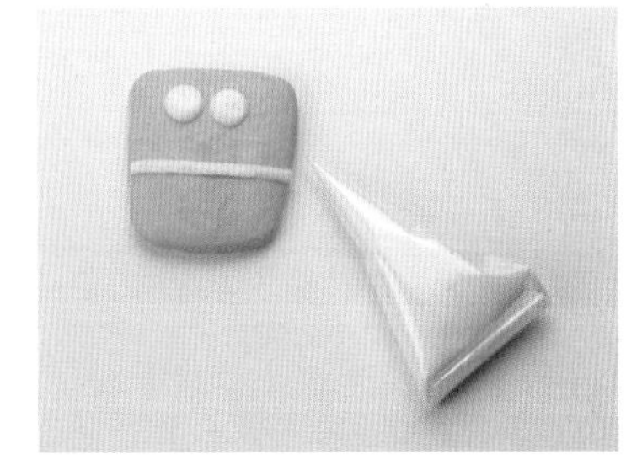

❶ 흰색B 아이싱으로 눈과 벨트를 그려요.

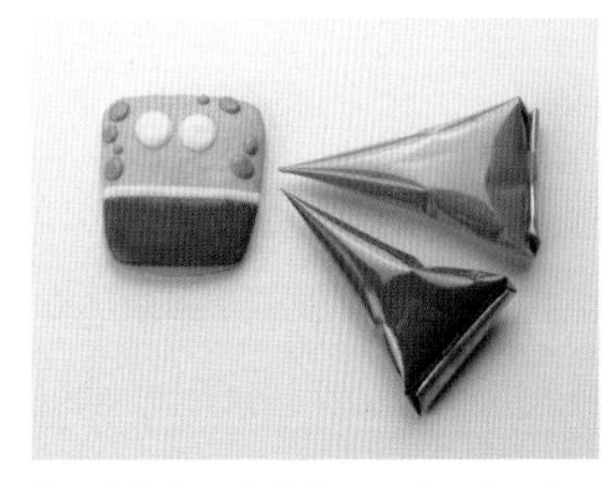

❷ 연갈색B 아이싱으로 옷 테두리를 그리고, 연갈색C 아이싱으로 안을 채워요. 연갈색C 아이싱으로 곳곳에 타원형과 원형의 얼룩을 그려요.

❸ 파란색B 아이싱으로 눈을 표현하고 마르면 검정색B 아이싱으로 눈과 눈썹, 입, 스티치를 그려요.

❹ 빨간색B 아이싱으로 넥타이와 주근깨를 그리고, 흰색B 아이싱으로 눈동자와 이빨을 그려요.

❺ 검정색B 아이싱으로 넥타이와 셔츠의 테두리를 그리고 다 마르면 원하는 필링을 넣고 몽타주해요.

피카츄 마카롱

그릇 위에 피카츄 마카롱을 올려놓으면 "피카피카" 소리를 내며 놀아달라고 조르는 것만 같아요.
어른들에게는 활력 충전의 시간이, 아이들에게는 유쾌한 간식 타임이 될 거예요!

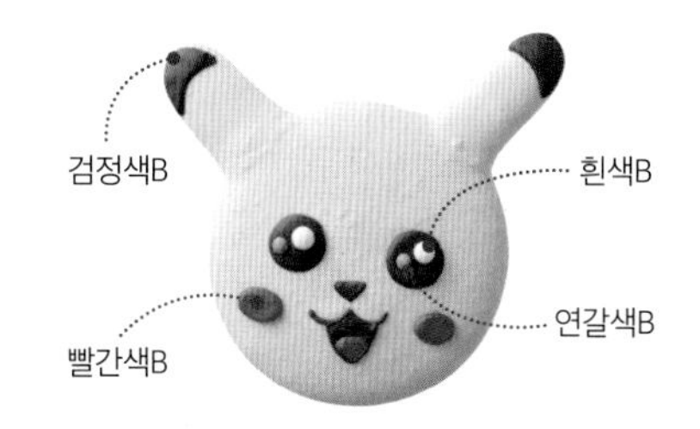

INGREDIENTS

코크(이탈리안 머랭)
아몬드파우더 200g
슈거파우더 200g
달걀흰자 74g

> **시럽**

설탕 140g
물 54g

> **머랭**

달걀흰자 74g
설탕 54g

코크 컬러(식용 색소)
노란색 4g

아이싱(A: 단단함 B: 중간 C: 묽음)
검정색B, 빨간색B, 흰색B,
연갈색B

코크 준비(p26~35 참고)
재료를 섞어 코크 반죽을 만든 뒤 해당 색소로 컬러를 내고, 완성된 반죽을 짤주머니(1cm, 5mm 원형 깍지)에 넣어요. 패턴지를 테플론 시트 밑에 깐 뒤 1cm 깍지를 낀 짤주머니로 얼굴을 만들고, 5mm 깍지를 낀 짤주머니로 귀와 손을 만들어요.

RECIPE

❶ 이쑤시개로 이음새를 정리한 뒤 40~50분간 실온 건조해요. 150도로 달군 오븐에 14~15분간 구워 실온에서 완전히 식혀요.

❷ 검정색B 아이싱으로 눈, 코, 입, 귀를 그려요.

❸ 아이싱이 마르면 빨간색B 아이싱으로 볼터치를 해주고, 흰색B 아이싱과 연갈색B 아이싱으로 눈을 그려요. 다 마르면 원하는 필링을 넣고 몽타주해요.

앵그리버드 마카롱

'나 화났어!'라며 잔뜩 화를 내는 앵그리버드. 화가 난 날에는 앵그리버드 마카롱 어때요?
진한 눈썹을 있는 힘껏 올리며 험악한 표정을 짓고 있는 모습이 나 자신 같아 웃음이 날 거예요.
덤으로 달달한 맛은 스트레스를 뻥 날려줄 거고요!

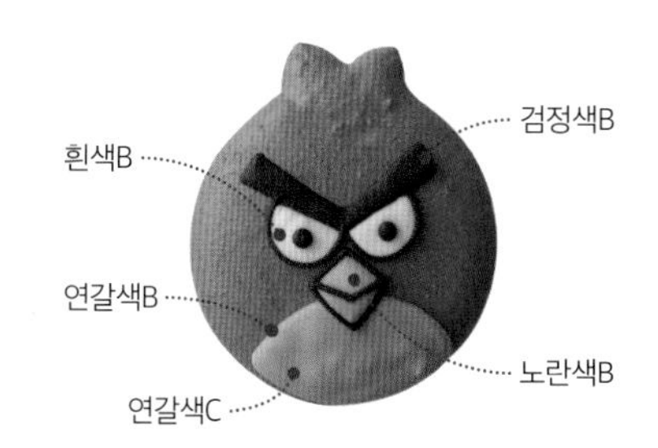

INGREDIENTS

코크(이탈리안 머랭)
아몬드파우더 200g
슈거파우더 200g
달걀흰자 74g

> **시럽**
설탕 140g
물 54g

> **머랭**
달걀흰자 74g
설탕 54g

코크 컬러(식용 색소)
빨간색 6g

아이싱(A: 단단함 B: 중간 C: 묽음)
흰색B, 연갈색B, 연갈색C,
노란색B, 검정색B

코크 준비(p26~35 참고)
재료를 섞어 코크 반죽을 만든 뒤 해당 색소로 컬러를 내고, 완성된 반죽을 짤주머니(1cm, 5mm 원형 깍지)에 넣어요. 패턴지를 테플론시트 밑에 깐 뒤 1cm 깍지를 낀 짤주머니로 얼굴을 만들고, 5mm 깍지를 낀 짤주머니로 머리털을 만들어요.

RECIPE

❶ 이쑤시개로 머리털 끝을 뾰족하게 처리한 뒤 40~50분간 실온 건조해요. 150도로 달군 오븐에 14~15분간 구워 실온에서 완전히 식혀요.

❷ 흰색B 아이싱으로 눈을 그려요. 연갈색B 아이싱으로 배 테두리를 가늘게 그리고, 연갈색C 아이싱으로 안을 채워요.

❸ 노란색B 아이싱으로 부리를 그려요.

❹ 검정색B 아이싱으로 눈썹과 눈동자 테두리를 그리고 다 마르면 원하는 필링을 넣고 몽타주해요.

유니콘 마카롱

상상 속에서만 존재했던 화려한 무지갯빛 영롱한 유니콘을 만나보아요.
신비로운 비주얼과 환상적인 맛에 반해버릴걸요.

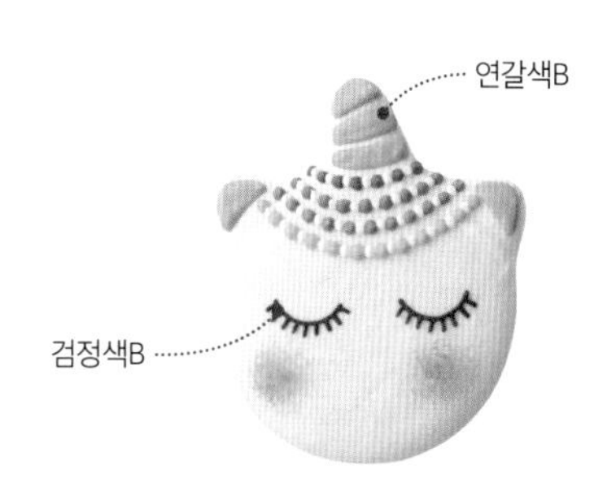

INGREDIENTS

코크(이탈리안 머랭)
아몬드파우더 200g
슈거파우더 200g
달걀흰자 74g

> **시럽**
설탕 140g
물 54g

> **머랭**
달걀흰자 74g
설탕 54g

아이싱(A: 단단함 B: 중간 C: 묽음)
검정색B, 연갈색B, 빨간색A,
주황색 A, 노란색A, 녹색A,
파란색A, 보라색A, 흰색 A

코크 준비(p26~35 참고)
재료를 섞어 코크 반죽을 만든 뒤 완성된 반죽을 짤주머니(1cm, 5mm 원형 깍지)에 넣어요. 패턴지를 테플론시트 밑에 깐 뒤 1cm 깍지를 낀 짤주머니로 얼굴을 만들고, 5mm 깍지를 낀 짤주머니로 귀와 뿔을 만들어요.

RECIPE

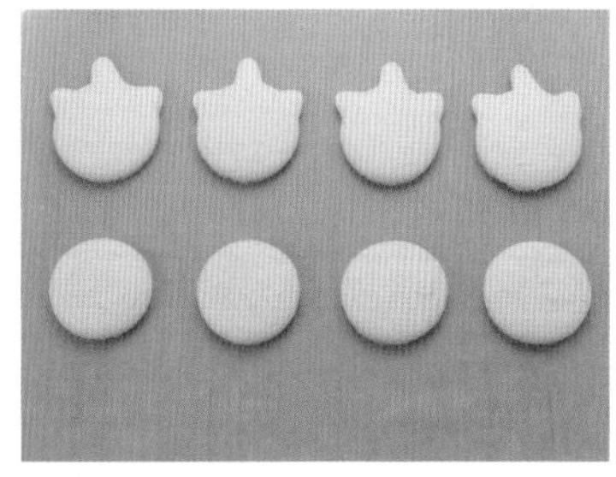

❶ 이쑤시개로 뿔 끝을 뾰족하게 다듬고, 이음새를 정리한 뒤 40~50분간 실온 건조해요. 150도로 달군 오븐에 14~15분간 구워 실온에서 완전히 식혀요.

❷ 검정색B 아이싱으로 눈을 그리고, 연갈색B 아이싱으로 유니콘의 귀와 뿔을 그려요.

❸ 나머지 다양한 색상의 아이싱으로 눈과 뿔 사이에 무늬를 그려요.

❹ 마른 붓에 빨간색 아이싱을 묻혀 콕콕 찍어 볼터치를 하고 다 마르면 원하는 필링을 넣고 몽타주해요.

심슨 마카롱

심슨 마카롱 한 개면 심각하게 생각하고 마음에 담아뒀던 일들도
별것 아닌 것처럼 웃으며 넘길 수 있을 것 같아요.

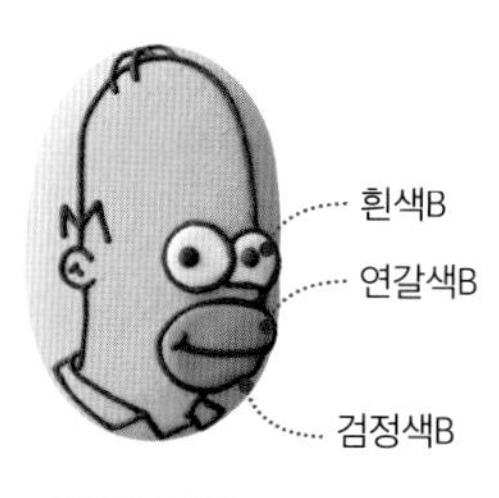

호머심슨

마지심슨

INGREDIENTS

코크(이탈리안 머랭)
아몬드파우더 200g
슈거파우더 200g
달걀흰자 74g

> **시럽**
설탕 140g
물 54g

> **머랭**
달걀흰자 74g
설탕 54g

코크 컬러(식용 색소)
노란색 4g

아이싱(A: 단단함 B: 중간 C: 묽음)
흰색B, 연갈색B, 검정색B,
파란색B, 파란색C, 빨간색B,
검정색B

코크 준비(p26~35 참고)
재료를 섞어 코크 반죽을 만든 뒤 해당 색소로 컬러를 내요. 완성된 반죽을 짤주머니(1cm 원형 깍지)에 넣어 타원형으로 짜고, 40~50분간 실온 건조한 뒤 150도로 달군 오븐에서 14~15분간 굽고 실온에서 완전히 식혀요.

RECIPE 호머심슨

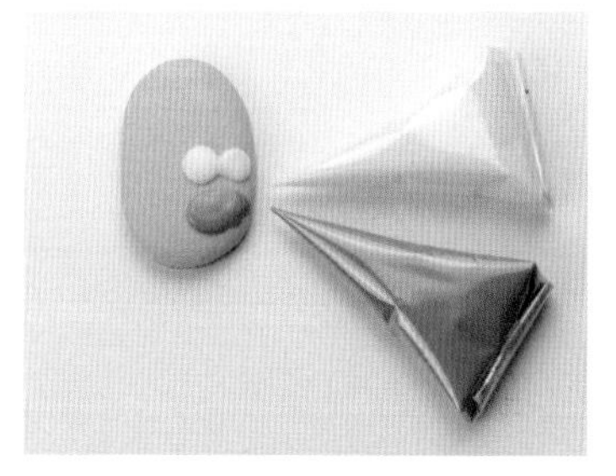

❶ 흰색B 아이싱으로 눈을 그리고, 연갈색B 아이싱으로 입을 만들어요.

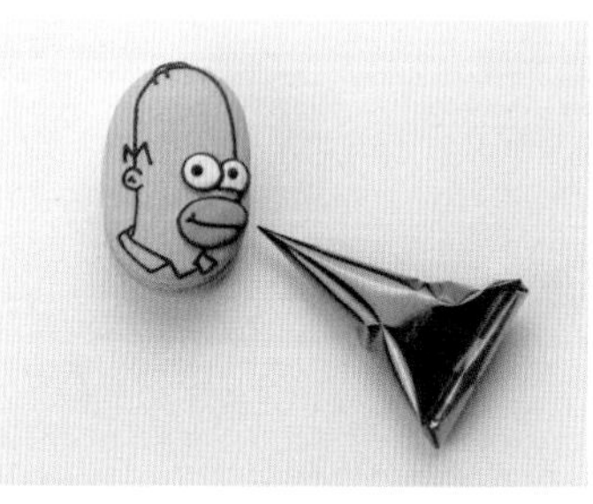

❷ 검정색B 아이싱으로 눈과 머리카락, 셔츠의 테두리를 그리고 다 마르면 원하는 필링을 넣고 몽타주해요.

마지심슨

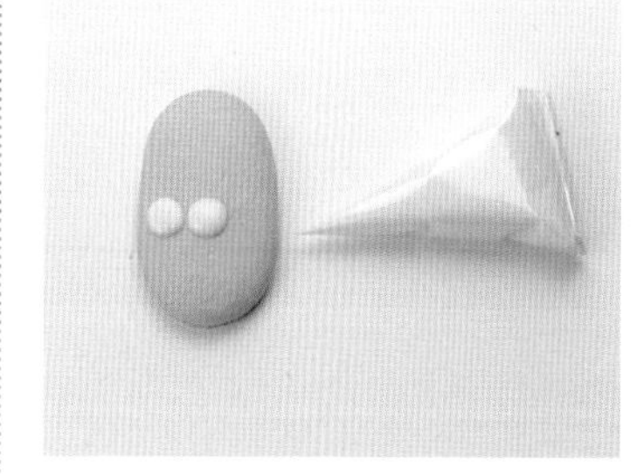

❶ 흰색B 아이싱으로 눈을 그려요.

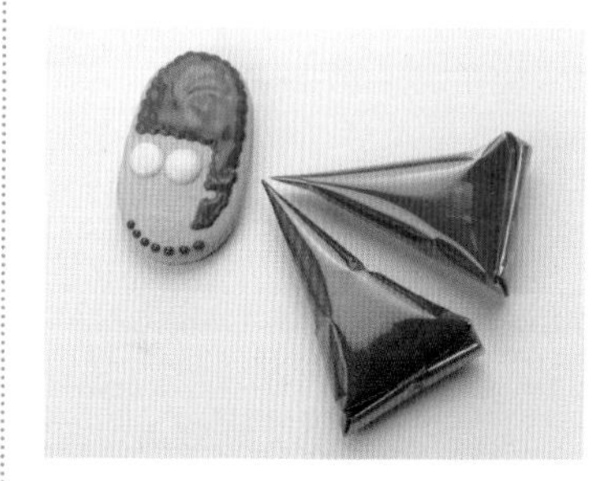

❷ 파란색B 아이싱으로 머리카락 테두리를 물결무늬로 그린 뒤 파란색C 아이싱으로 안을 채워요. 빨간색B 아이싱으로 도트를 찍어 목걸이도 만들어요.

❸ 검정색B 아이싱으로 얼굴과 머리카락의 테두리를 그리고 다 마르면 원하는 필링을 넣고 몽타주해요.

Love

Special Course

PART 4

특별한 날, 센스 충전! 선물용 마카롱 만들기

스페셜 데이 마카롱

특별한 날, 마카롱을 찾는 사람들이 더욱 많아져요.
마카롱에 특별한 날을 기념하는 글귀나 그림을 적어보세요.
소중한 나 자신과 사랑하는 사람에게
오래도록 기억될 선물이 될 거예요.

※ 모든 기본 마카롱(원형) 재료는 지름 약 4.5cm, 35~40개 분량입니다.

새해 마카롱

조약돌처럼 작고 윤이 나는 마카롱 위에 정성스럽게 소원을 적어보세요.
올 한해 꼭 이루고 싶은 꿈이 이뤄질 거예요. 감사한 사람들에게는 진심이 담긴 덕담을 적어보세요.
당신의 소중한 마음이 전해질 거예요.

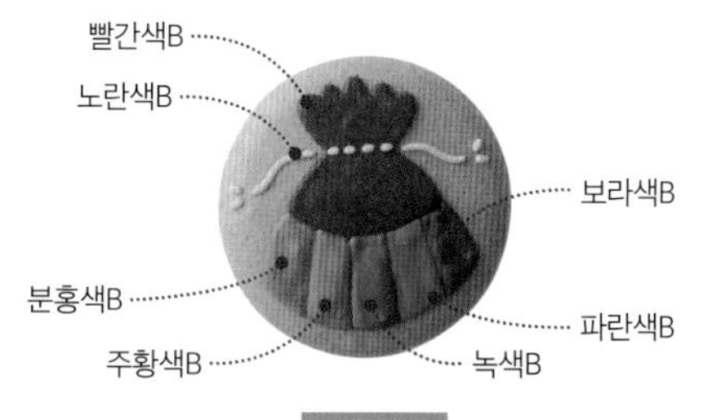

복주머니

글귀 테두리

INGREDIENTS

코크(이탈리안 머랭)
아몬드파우더 200g
슈거파우더 200g
달걀흰자 74g

> 시럽
설탕 140g
물 54g

> 머랭
달걀흰자 74g
설탕 54g

코크 컬러(식용 색소)
복주머니 빨간색 2g

아이싱(A: 단단함 B: 중간 C: 묽음)
빨간색B, 분홍색B, 주황색B,
녹색B, 파란색B, 보라색B,
노란색B, 흰색B, 검정색B

코크 준비(p26~35 참고)
재료를 섞어 코크 반죽을 만든 뒤 해당 색소로 컬러를 내요. 완성된 반죽을 짤주머니(1cm 원형 깍지)에 넣어 원형으로 짜고, 40~50분간 실온 건조한 뒤 150도로 달군 오븐에서 14~15분간 굽고 실온에서 완전히 식혀요.

RECIPE 복주머니 ▸▸

❶ 빨간색B 아이싱으로 복주머니 윗부분을 그리고 마르면 분홍색B, 주황색B, 녹색B, 파란색B, 보라색B 아이싱을 차례로 그려요.

❷ 노란색B 아이싱으로 끈을 그려요. 다 마르면 원하는 필링을 넣고 몽타주해요.

tip. 아이싱의 테두리가 마른 상태에서 색상을 바꿔 그려주어야 아이싱이 번지는 현상을 방지할 수 있어요.

글귀테두리 ▸▸

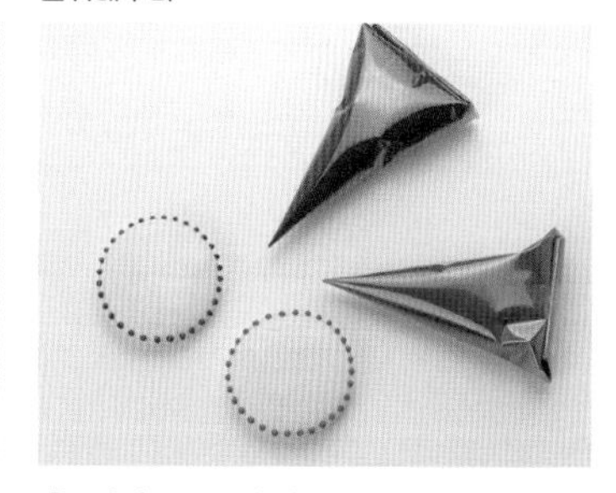

❶ 원하는 색상의 농도B 아이싱으로 마카롱 코크의 테두리를 따라 점을 찍듯이 아이싱을 짜고, 마르면 흰색B 아이싱으로 아이싱 사이사이를 채워요.

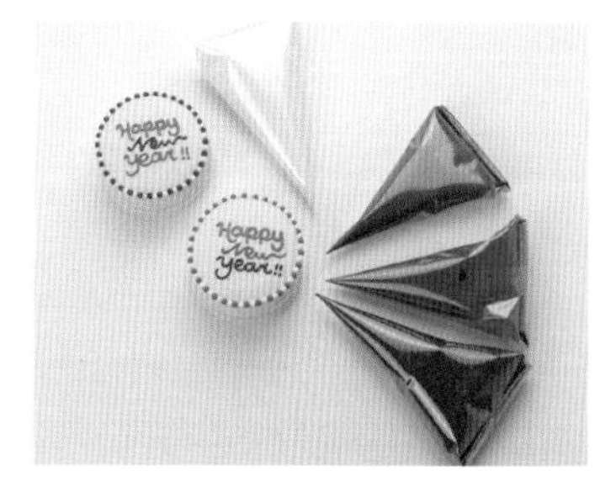

❷ 농도B 아이싱으로 원하는 색상으로 글귀를 써요. 다 마르면 원하는 필링을 넣고 몽타주해요.

발렌타인데이 마카롱

카롱카롱 마카롱해! "나는 너를 너무너무 사랑해"라는 말처럼 들려요.
그 사랑은 너무 달콤해서 사르르 마음을 녹여버릴 것 같아요.
가나슈를 듬뿍 넣은 하트 모양의 마카롱에 사랑의 메시지를 적어보세요.

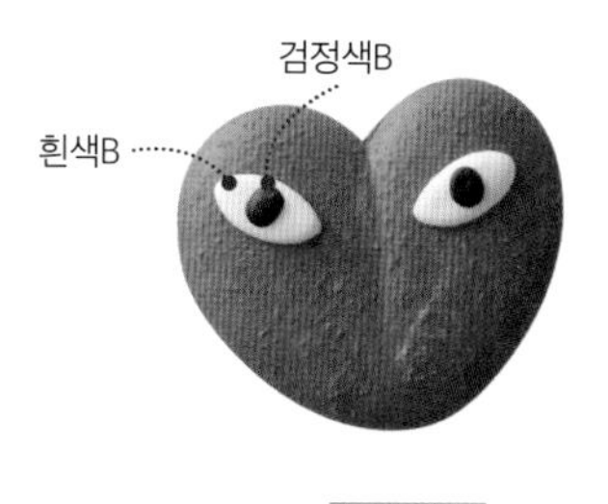

하트 1

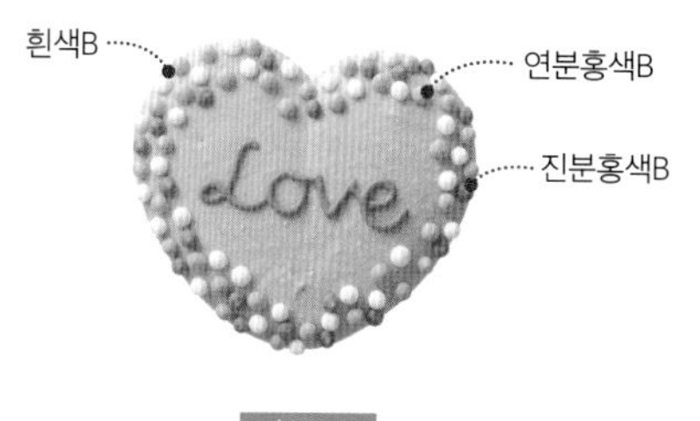

하트 2

INGREDIENTS (약 30~35개 분량)

코크(이탈리안 머랭)
아몬드파우더 200g
슈거파우더 200g
달걀흰자 74g

> **시럽**
설탕 140g
물 54g

> **머랭**
달걀흰자 74g
설탕 54g

코크 컬러(식용 색소)
하트1 빨간색 6g
하트2 빨간색 2g

아이싱(A: 단단함 B: 중간 C: 묽음)
흰색B, 검정색B, 연분홍색B, 진분홍색B

코크 준비(p26~35 참고)
재료를 섞어 코크 반죽을 만든 뒤 해당 색소로 컬러를 내요. 완성된 반죽을 짤주머니(1cm 원형 깍지)에 넣어 하트 모양으로 짜고, 40~50분간 실온 건조한 뒤 150도로 달군 오븐에서 14~15분간 굽고 실온에서 완전히 식혀요.

RECIPE

하트 1 ▸▸

❶ 흰색B 아이싱으로 눈을 만들어요.

❷ 아이싱이 마르면 검정색B 아이싱으로 눈동자를 그려요. 다 마르면 원하는 필링을 넣고 몽타주해요.

하트 2 ▸▸

❶ 농도B의 아이싱으로 원하는 글귀를 적어요.

❷ 흰색B, 연분홍색B, 진분홍색B 아이싱으로 테두리에 도트를 찍어 장식해요. 다 마르면 원하는 필링을 넣고 몽타주해요.

화이트데이 마카롱

롤리롤리 롤리팝! 사랑하는 이에게 풍성한 마카롱 꽃다발을 선물하세요.
손에도 묻지 않고 한입에 쏙쏙 먹기도 편하답니다.

INGREDIENTS (약 30~35개 분량)

코크(이탈리안 머랭)
아몬드파우더 200g
슈거파우더 200g
달걀흰자 74g

> **시럽**
설탕 140g
물 54g

> **머랭**
달걀흰자 74g
설탕 54g

코크 컬러(식용 색소)
빨간색 2g, 청록색2g, 보라색2g

코크 준비(p26~35 참고)
재료를 섞어 코크 반죽을 만든 뒤 해당 색소로 컬러를 내고, 완성된 반죽을 짤주머니(1cm 원형 깍지)에 넣어요. 패턴지를 테플론시트 밑에 깔아요. 롤리팝에 사용할 꼬치나 스틱을 준비해요.

RECIPE

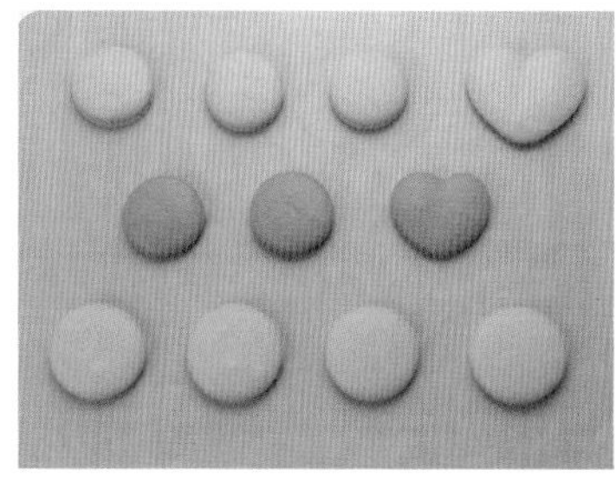

❶ 밑그림을 따라 하트 모양과 원형으로 반죽을 짠 뒤 40~50분간 실온 건조해요. 150도로 달군 오븐에 14~15분간 구워 실온에서 완전히 식혀요.

❷ 원하는 필링을 짜고 스틱을 필링 속에 고정해요. 스틱 위에 필링을 조금 더 채우고 코크를 덮어 완성해요.

봄 마카롱

벚꽃 마카롱을 먹으면 벚꽃이 입안에서 활짝 펴요.
어느새 마음까지 분홍분홍 물들어가며 두근두근 설레요.
짧은 찰나의 벚꽃엔딩이 아쉽다면, 봄빛 닮은 마카롱으로 여운을 만끽하세요.

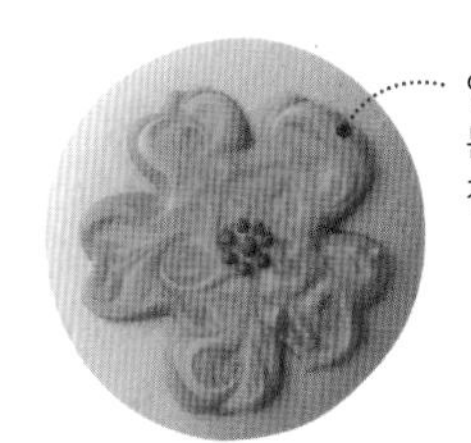

INGREDIENTS

코크(이탈리안 머랭)
아몬드파우더 200g
슈거파우더 200g
달걀흰자 74g

> **시럽**
설탕 140g
물 54g

> **머랭**
달걀흰자 74g
설탕 54g

코크 컬러(식용 색소)
빨간색 2g

아이싱(A: 단단함 B: 중간 C: 묽음)
연분홍색C, 분홍색C, 진분홍색C

코크 준비(p26~35 참고)
재료를 섞어 코크 반죽을 만든 뒤 해당 색소로 컬러를 내고, 완성된 반죽을 짤주머니(1cm 원형 깍지)에 넣어요. 패턴지를 테플론시트 밑에 깔아요.

RECIPE

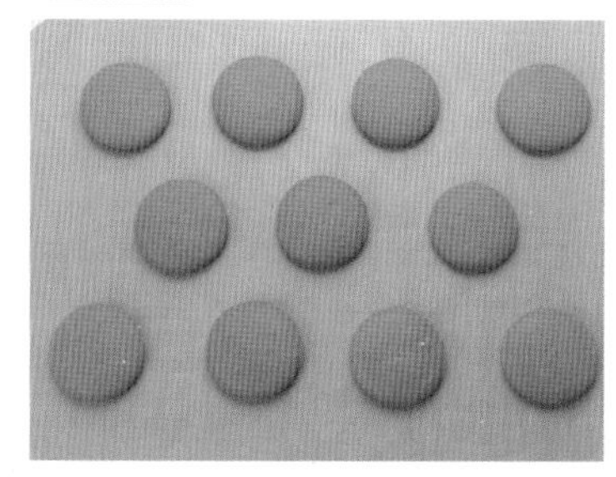

❶ 밑그림을 따라 반죽을 짠 뒤 40~50분간 실온 건조해요. 150도로 달군 오븐에 14~15분간 구워 실온에서 완전히 식혀요.

❷ 연분홍색C, 분홍색C, 진분홍색C 아이싱을 번갈아 사용해 꽃잎을 짠 뒤 아이싱이 마르기 전에 이쑤시개로 저어 마블무늬를 만들어요.

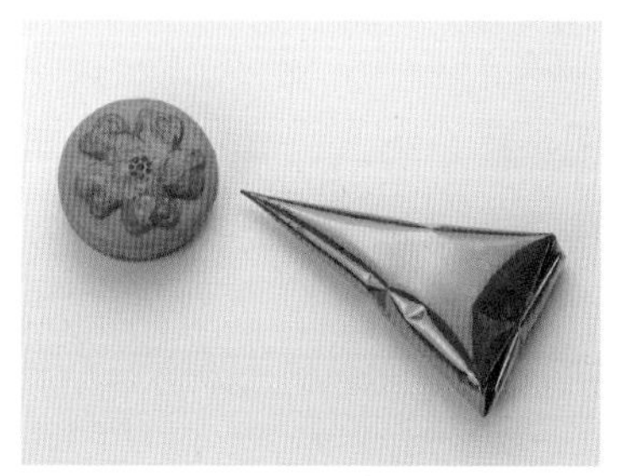

❸ 벚꽃 모양 아이싱이 마르면 진분홍색C 아이싱으로 꽃 수술을 그리고, 다 마르면 원하는 필링을 넣고 몽타주해요.

야구 마카롱

야구팬들이 많이 찾는 야구 마카롱이에요.
응원하는 팀의 로고와 좋아하는 야구선수 번호를 마카롱 위에 그리면 취향저격!

NO.9
NO.18
LG TWINS BASEBALL CLUB
LG TWINS
LG TWINS
LG 스포츠

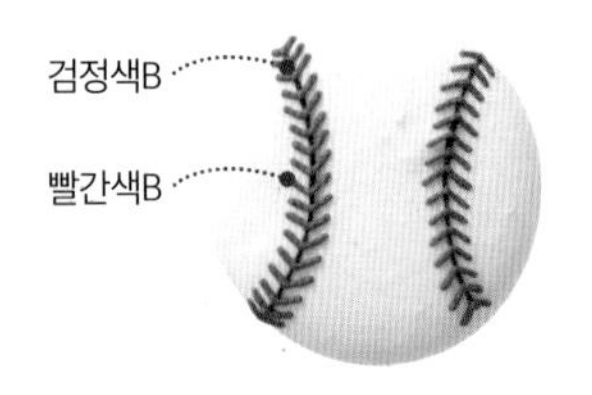

야구공

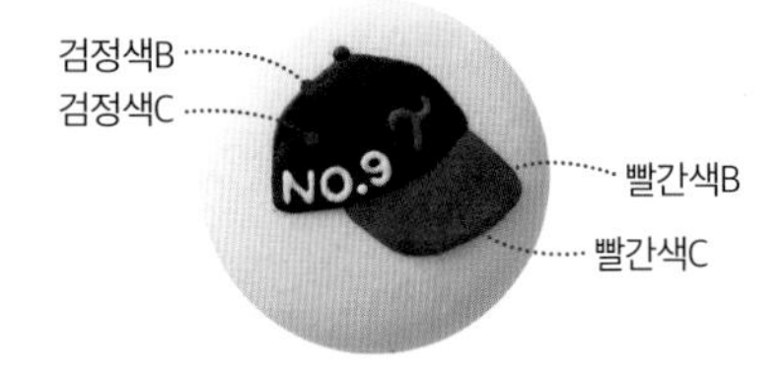

야구 모자

INGREDIENTS

코크(이탈리안 머랭)
아몬드파우더 200g
슈거파우더 200g
달걀흰자 74g

> **시럽**
설탕 140g
물 54g

> **머랭**
달걀흰자 74g
설탕 54g

아이싱(A: 단단함 B: 중간 C: 묽음)
검정색B, 빨간색B, 검정색C, 빨간색C, 갈색B, 갈색C, 진갈색B, 녹색B, 녹색C, 흰색B

코크 준비(p26~35 참고)
재료를 섞어 코크 반죽을 만든 뒤 완성된 반죽을 짤주머니(1cm 원형 깍지)에 넣어 원형으로 짜요. 40~50분간 실온 건조한 뒤 150도로 달군 오븐에서 14~15분간 굽고 실온에서 완전히 식혀요.

RECIPE 야구공 ▸▸

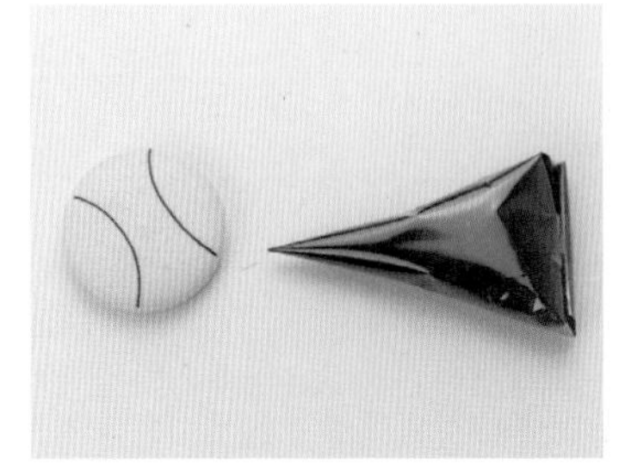

❶ 검정색B 아이싱으로 라운드 선을 양쪽으로 그려요.

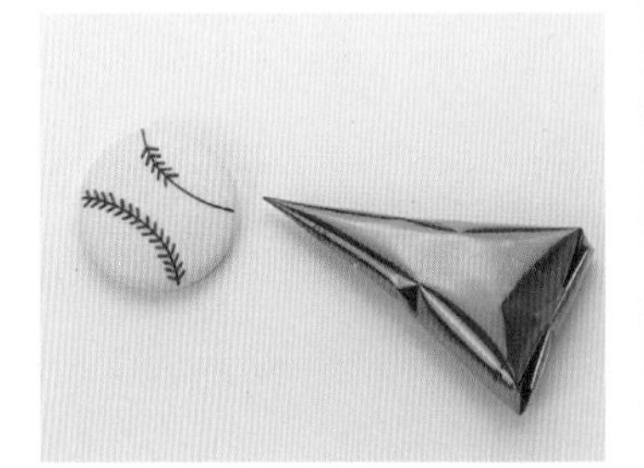

❷ 빨간색B 아이싱으로 검정색 선을 기준으로 화살표를 양쪽 모두 그려요. 화살표는 양쪽이 반대로 향하게 해요. 다 마르면 원하는 필링을 넣고 몽타주해요.

야구 모자 ▸▸

❶ 검정색B 아이싱으로 모자 테두리를 그리고 검정색C 아이싱으로 안을 채워요.

❷ 빨간색B 아이싱으로 모자챙 테두리를 그리고, 빨간색C 아이싱으로 안을 채워요. 묽기 B의 아이싱으로 원하는 로고나 레터링을 써주고, 다 마르면 원하는 필링을 넣고 몽타주해요.

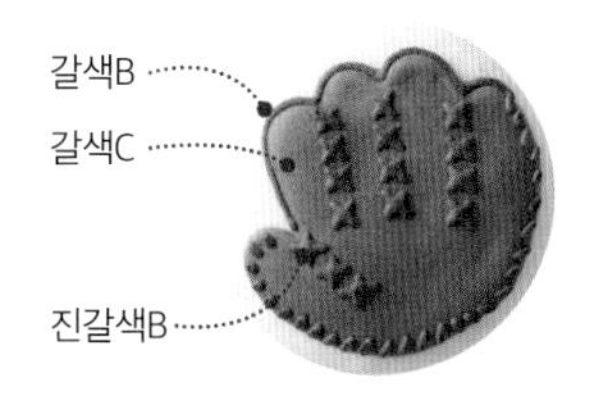

글러브

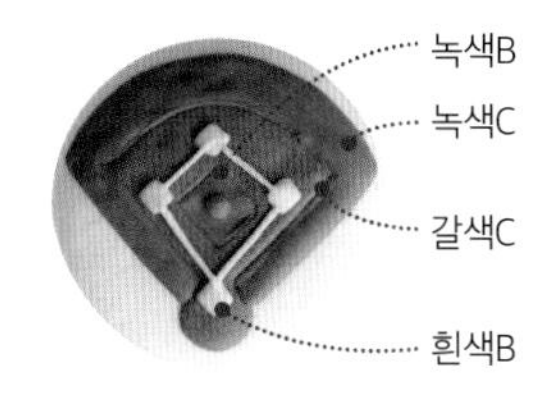

경기장

글러브 ▸▸

❶ 갈색B 아이싱으로 글러브 모양 테두리를 그리고, 갈색C 아이싱으로 안을 채워요.

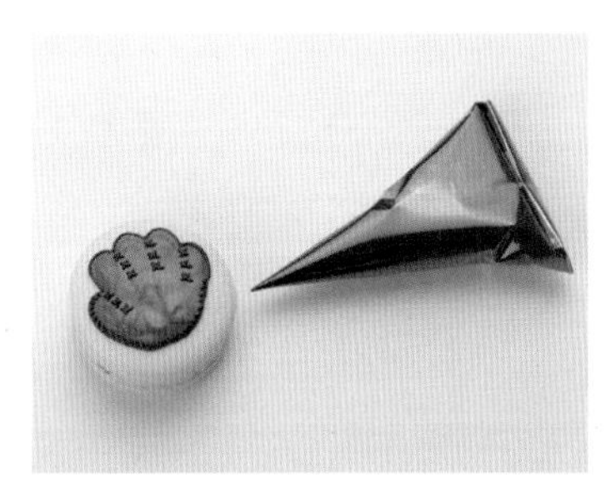

❷ 진갈색B 아이싱으로 글러브 테두리를 그리고 사이사이에 스티치 모양도 그려요. 다 마르면 원하는 필링을 넣고 몽타주해요.

경기장 ▸▸

❶ 녹색B 아이싱으로 부채꼴 모양 테두리를 그리고 녹색C 아이싱으로 안을 채워요. 중앙에 녹색B 아이싱으로 정사각형을 그려 마운드*를 만들어요.

❷ 녹색 아이싱이 마르면 사이에 갈색C 아이싱을 채워 흙을 표현하고, 중앙 정사각형에도 작은 원형을 그려요.

❸ 흰색B 아이싱으로 마름모를 그리고 선으로 연결시켜 1,2,3루와 홈을 그려요. 다 마르면 원하는 필링을 넣고 몽타주해요.

***마운드**: 투수가 투구를 하도록 지정된 구역, 완만한 경사의 언덕 같다고 해서 마운드라 한다.

어버이날, 스승의 날 마카롱

가정의 달 5월은 행사가 많은 달이죠.
감사한 분들께 어떤 선물을 해야 좋을지 고민된다면,
직접 만든 마카롱에 카네이션을 그려 선물하세요.
5월의 따스한 햇살처럼 행복하고 뜻깊은 날을 기념하게 될 거예요.

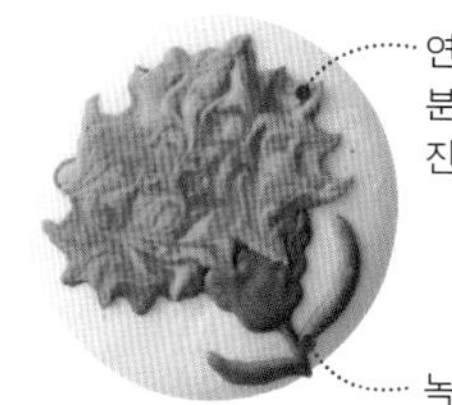

INGREDIENTS

코크(이탈리안 머랭)
아몬드파우더 200g
슈거파우더 200g
달걀흰자 74g

> **시럽**
설탕 140g
물 54g

> **머랭**
달걀흰자 74g
설탕 54g

코크 컬러(식용 색소)
빨간색 1g

아이싱(A: 단단함 B: 중간 C: 묽음)
연분홍색C, 분홍색C, 진분홍색C, 녹색B

코크 준비(p26~35 참고)
재료를 섞어 코크 반죽을 만든 뒤 해당 색소로 컬러를 내고, 완성된 반죽을 짤주머니(1cm 원형 깍지)에 넣어요. 패턴지를 테플론시트 밑에 깔아요.

RECIPE

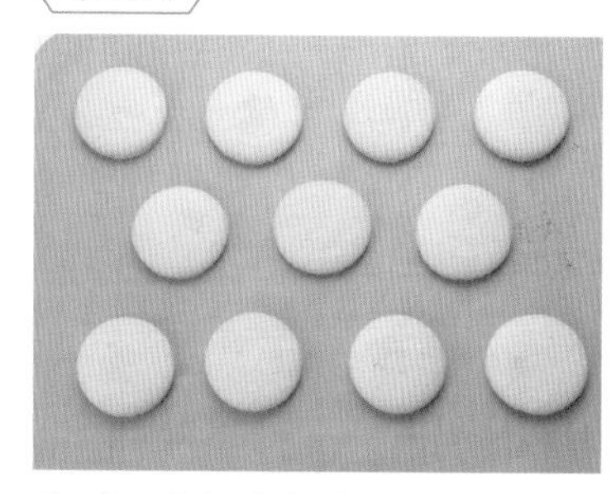

❶ 밑그림을 따라 흰색, 분홍색 반죽을 반반 넣은 짤주머니 반죽을 짜요. 40~50분간 실온 건조한 뒤 150도로 달군 오븐에 14~15분간 구워 실온에서 완전히 식혀요.

❷ 연분홍색C, 분홍색C, 진분홍색C 아이싱을 번갈아 사용해 카네이션을 짠 뒤 아이싱이 마르기 전 이쑤시개로 마블 무늬를 만들어요.

❸ 아이싱이 마르면 녹색B 아이싱으로 줄기와 잎을 그려요. 다 마르면 원하는 필링을 넣고 몽타주해요.

tip. 진분홍색C → 분홍색C → 연분홍색C → 분홍색C → 진분홍색C 아이싱 순서로 꽃잎을 겹겹이 쌓아 그리면 다른 느낌의 카네이션을 만들 수 있어요.

할로윈데이 마카롱

매년 10월 마지막 날이면 으스스한 기운이 감돌아요.
"TRICK OR TREAT(과자를 안 주면 장난칠 거예요)"을 외치는 아이들에게 할로윈데이 마카롱을 선물하세요.
아이들에게 잊지 못할 할로윈데이가 될 거예요.

trick
or
treat

주황색B
보라색B
녹색B
검정색B
흰색B
흰색C

유령 1

흰색B
검정색B

유령 2

INGREDIENTS

코크(이탈리안 머랭)
아몬드파우더 200g
슈거파우더 200g
달걀흰자 74g

> **시럽**
설탕 140g
물 54g

> **머랭**
달걀흰자 74g
설탕 54g

코크 컬러(식용 색소)
유령1, 2 보라색 4g, 유령2, 호박 노란색 4g+빨간색1g

아이싱(A: 단단함 B: 중간 C: 묽음)
흰색B, 흰색C, 녹색B, 보라색B, 검정색B, 주황색B

코크 준비(p26~35 참고)
재료를 섞어 코크 반죽을 만든 뒤 해당 색소로 컬러를 내요. 완성된 반죽을 짤주머니(1cm 원형 깍지)에 넣어 원형으로 짜고, 40~50분간 실온 건조한 뒤 150도로 달군 오븐에서 14~15분간 굽고 실온에서 완전히 식혀요.

RECIPE

유령 1 ▸▸

❶ 흰색B 아이싱으로 유령 테두리를 그리고, 흰색C 아이싱으로 안을 채워요.

❷ 아이싱이 마르면 녹색B, 보라색B 아이싱으로 눈을 만들어요. 검정색B 아이싱으로 눈과 입을 그리고, 주황색B 아이싱으로 리본을 그려요.

❸ 다 마르면 흰색B 아이싱으로 눈동자와 날아가는 모양을 그려요. 원하는 필링을 넣고 몽타주해요.

유령 2 ▸▸

❶ 보라색 코크에 흰색B 아이싱으로 유령 눈, 코, 입을 그리고, 주황색 코크에 검정색B 아이싱으로 같은 방법으로 유령 눈, 코, 입을 그려요.

❷ 다 마르면 원하는 필링을 넣고 몽타주해요.

호박

호박

❶ 주황색 코크에 검정색B 아이싱으로 눈, 코, 입을 그리고 녹색B 아이싱으로 호박잎을 만들어요.

❷ 다 마르면 원하는 필링을 넣고 몽타주해요.

빼빼로데이 마카롱

빼빼로와 마카롱의 핫한 만남!
빼빼 마른 가늘고 길쭉한 과자에 동글동글 볼륨이 생겼어요.
보는 재미도 있고, 풍부해진 식감과 맛에 입도 즐거워요.

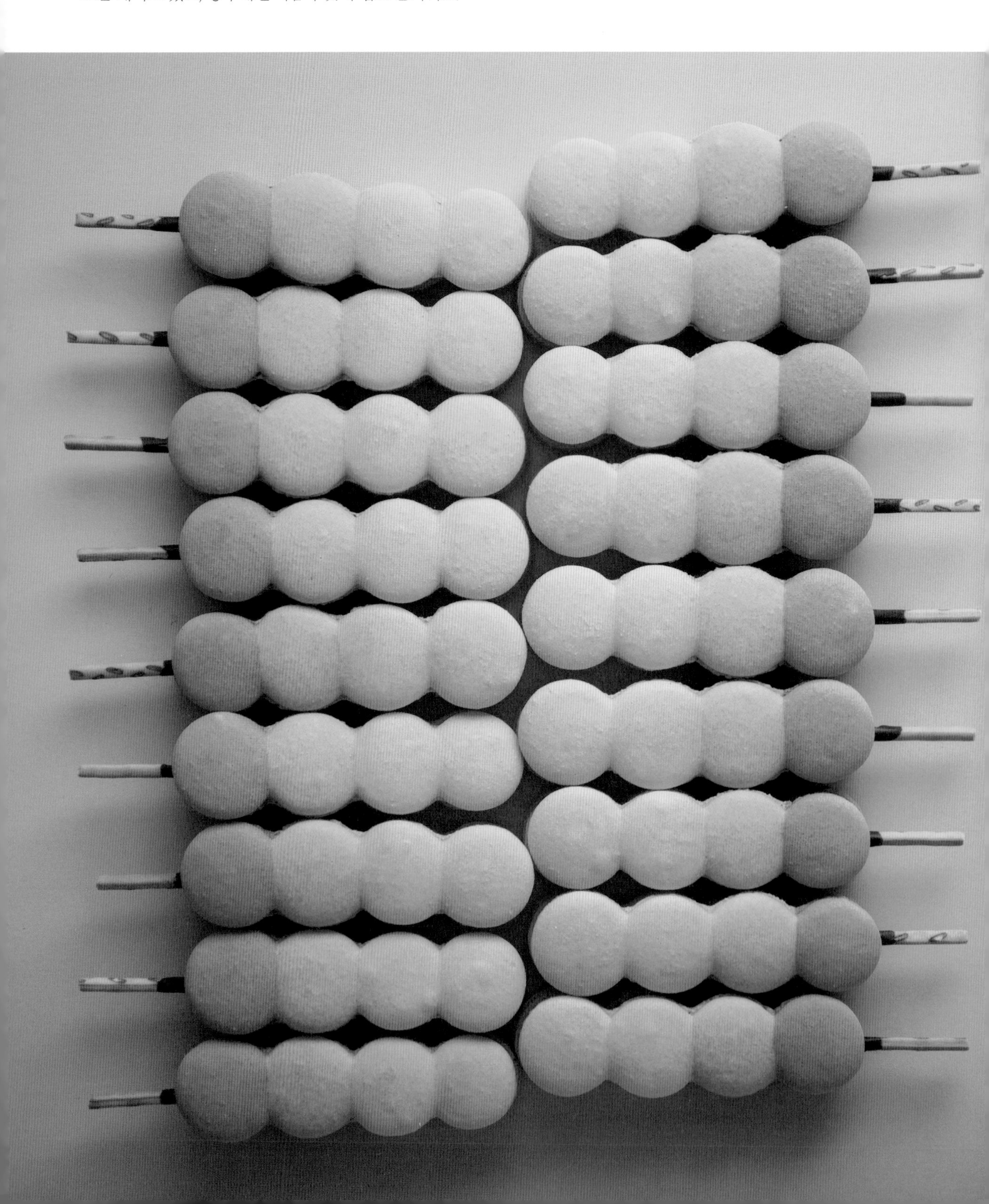

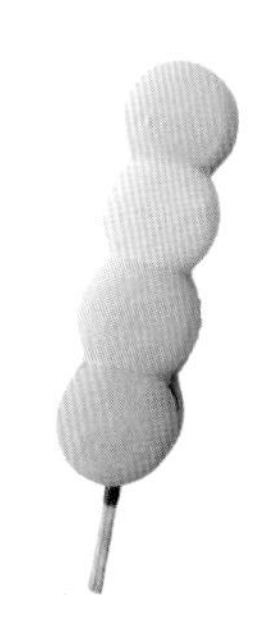

INGREDIENTS (약 20~25개 분량)

코크(이탈리안 머랭)
아몬드파우더 200g
슈거파우더 200g
달걀흰자 74g

> **시럽**
설탕 140g
물 54g

> **머랭**
달걀흰자 74g
설탕 54g

코크 컬러(식용 색소)
빨간색 2g, 노란색 2g, 파란색 2g, 보라색 2g

코크 준비(p26~35 참고)
재료를 섞어 코크 반죽을 만든 뒤 해당 색소로 컬러를 내고, 완성된 반죽을 짤주머니(5mm 원형 깍지, 4개)에 넣어요. 패턴지를 테플론 시트 밑에 깔고, 스틱과자를 준비해요.

RECIPE

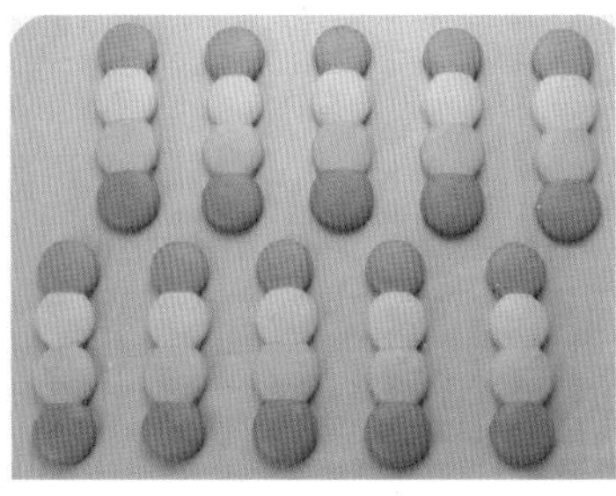

❶ 밑그림을 따라 차례대로 색상을 바꿔 짠 뒤 40~50분간 실온 건조해요. 150도로 달군 오븐에 14~15분간 구워 실온에서 완전히 식혀요.

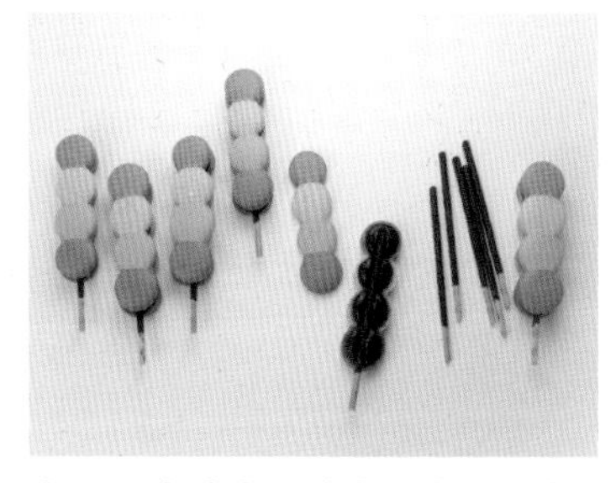

❷ 코크에 가나슈 필링을 짜고 스틱과자를 필링 속에 고정해요. 스틱과자 위에 필링을 조금 더 채우고 나머지 한 쪽 코크를 덮어요.

크리스마스 마카롱

거리를 물들이는 하얀 눈과 반짝이는 조명만 봐도 한 해의 마지막이라는 씁쓸함은 사라지고, 올 한해도 무사히 끝났다는 감사함이 가득하죠. 트리를 장식하듯 접시 위에 크리스마스 마카롱을 가득 담아보세요. 식탁 위에도 크리스마스 분위기가 한껏 날 거예요.

트리

INGREDIENTS (약 30~35개 분량)

코크(이탈리안 머랭)
아몬드파우더 200g
슈거파우더 200g
달걀흰자 74g

> 시럽
설탕 140g
물 54g

> 머랭
달걀흰자 74g
설탕 54g

코크 컬러(식용 색소)
트리, 눈송이 녹색 4g, 산타 빨간색 6g, 루돌프 갈색 4g

아이싱(A: 단단함 B: 중간 C: 묽음)
흰색B, 빨간색B, 주황색B, 노란색B, 녹색B, 파란색B, 보라색B, 분홍색B, 검정색B, 연갈색C, 진갈색B

코크 준비(p26~35 참고)

> 트리
재료를 섞어 코크 반죽을 만든 뒤 해당 색소로 컬러를 내고, 완성된 반죽을 짤주머니(5mm 원형 깍지)에 넣어요. 패턴지를 테플론시트 밑에 깔아요.

> 눈사람
재료를 섞어 코크 반죽을 만든 뒤 완성된 반죽을 짤주머니(1cm 원형 깍지)에 넣어요. 패턴지를 테플론시트 밑에 깔아요.

> 눈송이, 산타, 루돌프
재료를 섞어 코크 반죽을 만든 뒤 해당 색소로 컬러를 내요. 완성된 반죽을 짤주머니(1cm 원형 깍지)에 넣어 원형으로 짜고, 40~50분간 실온 건조한 뒤 150도로 달군 오븐에서 14~15분간 굽고 실온에서 완전히 식혀요.

RECIPE 트리 ▸▸

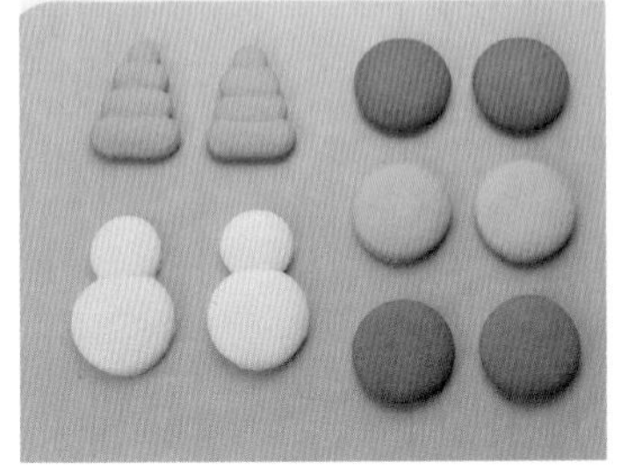

❶ 밑그림을 따라 트리를 위에서부터 차례로 짠 뒤 40~50분간 실온 건조해요. 150도로 달군 오븐에 14~15분간 구워 실온에서 완전히 식혀요.

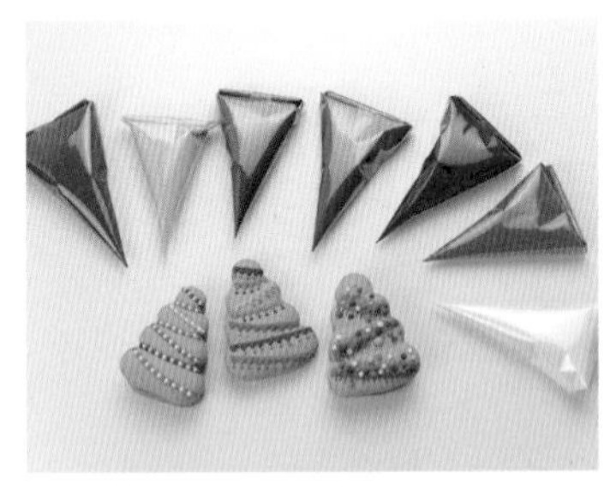

❷ 다양한 색상의 묽기B 아이싱으로 트리를 장식해요. 점과 선을 이용해 화려하게 그려요.

❸ 다 마르면 원하는 필링을 넣고 몽타주해요.

눈사람

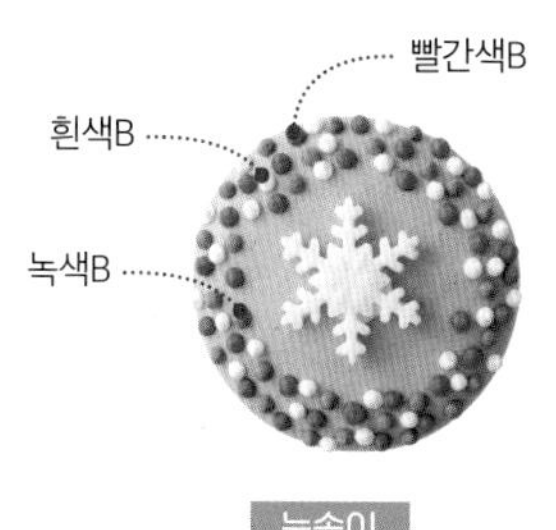

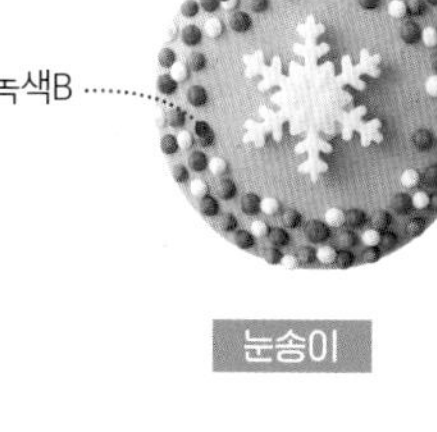

눈송이

눈사람 ▸▸

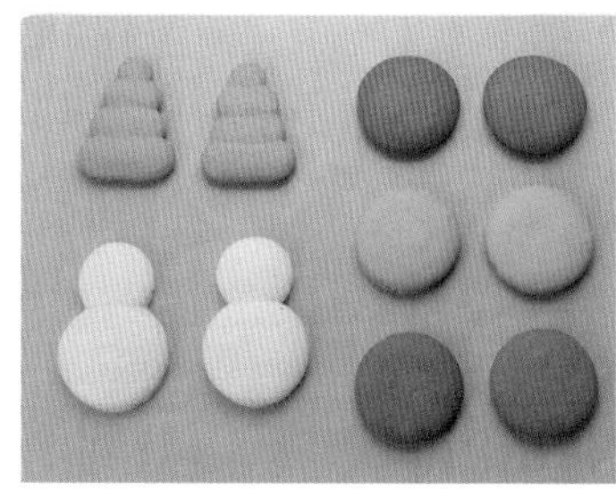

❶ 밑그림을 따라 작은 원과 큰 원을 짠 뒤 40~50분간 실온 건조해요. 150도로 달군 오븐에 14~15분간 구워 실온에서 완전히 식혀요.

❷ 검정색B 아이싱으로 눈사람의 눈과 입을 점을 찍어 그리고, 배에도 점 3개를 찍어 단추를 그려요.

❸ 주황색B 아이싱으로 긴 물방울 모양으로 코를 그리고, 다양한 색상의 B 아이싱으로 목도리를 그려요.

❹ 다 마르면 원하는 필링을 넣고 몽타주해요.

눈송이 ▸▸

❶ 흰색B, 빨간색B, 녹색B 아이싱으로 가장자리에 점을 찍어 장식해요.

❷ 다 마르면 흰색B 아이싱을 접착제로 사용하여 중앙에 슈가페이스트*로 만든 눈송이를 붙여요. 원하는 필링을 넣고 몽타주해요.

*슈가페이스트 만들기

INGREDIENTS

젤라틴 12g, 물 35g, 물엿 76g, 슈거파우더 500g

RECIPE

❶ 젤라틴을 찬물에 불려요.
❷ 불린 젤라틴을 중탕으로 녹이고 젤라틴이 완전히 녹으면 물엿을 넣어요.
❸ 슈거파우더에 중탕된 ②를 넣고 섞어요.
❸ 비닐팩으로 싸서 밀폐 용기에 넣고 24시간 냉장 보관해 숙성시켜 사용해요.

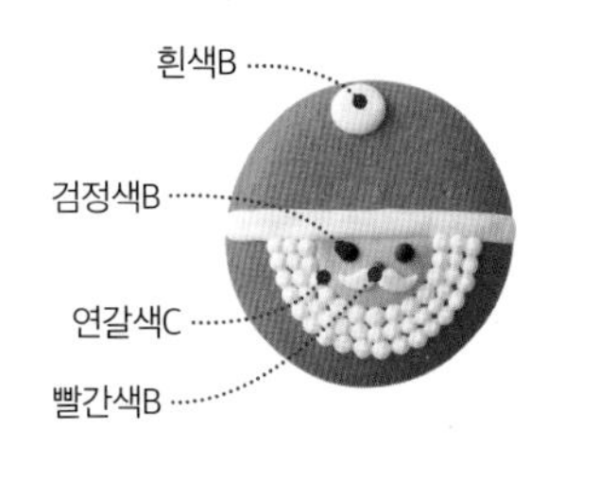

산타

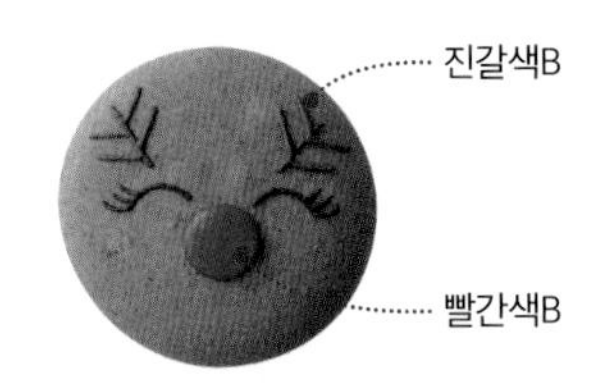

루돌프

산타 ▸▸

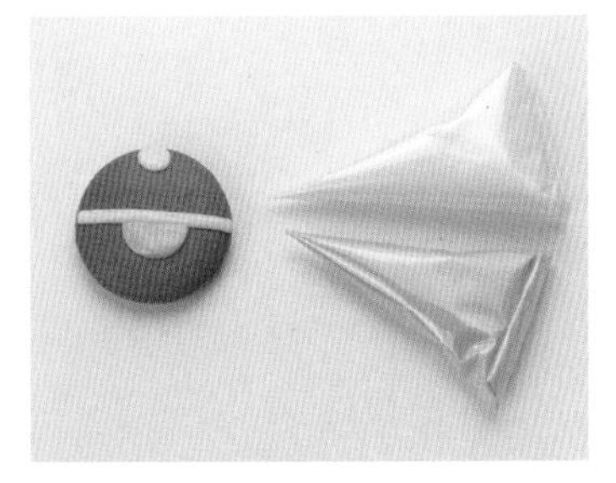

❶ 흰색B 아이싱으로 산타 모자를 그리고, 연갈색C 아이싱으로 얼굴색을 칠해요.

❷ 얼굴을 따라 흰색B 아이싱으로 점과 점으로 연결해 수염을 그려요.

❸ 검정색B 아이싱으로 눈을 그리고 빨간색B 아이싱으로 코를 그리고, 다 마르면 원하는 필링을 넣고 몽타주해요.

루돌프 ▸▸

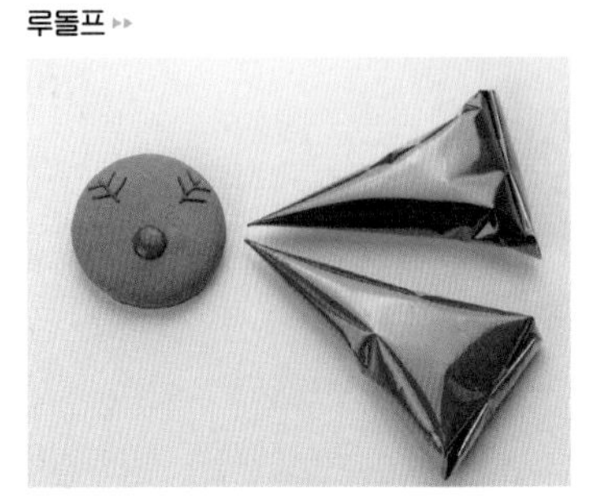

❶ 진갈색B 아이싱으로 양쪽 뿔을 그리고, 빨간색B 아이싱으로 루돌프 코를 그려요.

❷ 검정색B 아이싱으로 눈을 그리고, 다 마르면 원하는 필링을 넣고 몽타주해요.

Merry Christmas

미니언즈 마카롱 케이크

지친 몸을 이끌고 집에 돌아올 때면 마카롱을 사먹곤 했어요.
그때, 마카롱이 케이크처럼 크면 좋겠다는 생각을 했어요.
케이크는 슬픈 순간도 행복한 순간으로 만들어 주는 마법의 힘이 있잖아요.
마카롱 케이크가 있는 곳에는 행복하고 기쁜 일들만 가득할 거예요. 행복을 만들어보세요.

INGREDIENTS (약 5개 분량)

코크(이탈리안 머랭)
아몬드파우더 200g
슈거파우더 200g
달걀흰자 74g

> **시럽**
설탕 140g
물 54g

> **머랭**
달걀흰자 74g
설탕 54g

코크 컬러(식용 색소)
노란색 4g

아이싱(A: 단단함 B: 중간 C: 묽음)
회색B, 흰색C, 연갈색B, 파란색B, 파란색C, 검정색B, 흰색B

코크 준비(p26~35 참고)
재료를 섞어 코크 반죽을 만든 뒤 해당 색소로 컬러를 내고, 완성된 반죽을 짤주머니(15mm 원형 깍지)에 넣어요. 패턴지를 테플론시트(10cm 원형 밑그림이 그려진) 밑에 깔아요.

RECIPE

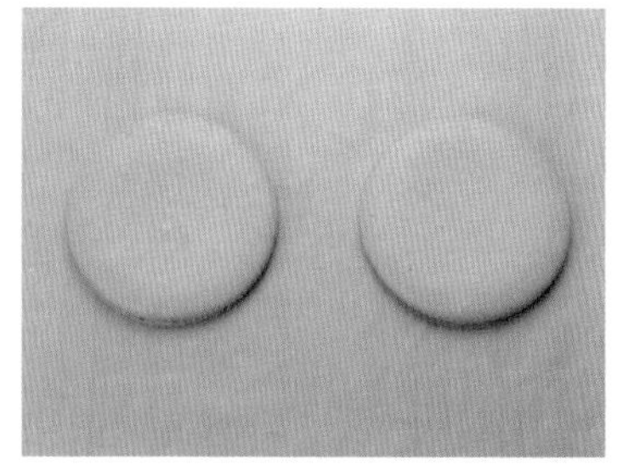

❶ 밑그림을 따라 반죽을 짠 뒤 60분 이상 실온 건조해요. 150도로 달군 오븐에 18~20분간 구워 실온에서 완전히 식혀요.

❷ 미니언즈마카롱을 만들어요. (p.103 참고)

❸ 마카롱 케이크가 움직이지 않도록 마카롱 코크 한쪽을 케이크 받침에 붙여요. 화이트초콜릿을 녹여 접착제로 이용해요.

❹ 바닐라크림치즈 필링과 과일필링을 만들어(p.49, 71 참고) 짤주머니(10mm 원형 깍지, 별모양 깍지)에 나누어 넣어요. 가장자리에서부터 번갈아 반죽을 짜주며 모양을 내요.

❺ 원하는 필링을 넣고 몽타주한 뒤, 냉장고에서 크림이 단단해질 때까지 약 30분간 보관해요.

❻ 냉장고에서 마카롱 케이크를 꺼내 미니언즈 마카롱을 붙여요. 앞에서와 마찬가지로 녹인 화이트초콜릿을 접착제로 사용해 완성해요.

엠꼼마카롱의
캐릭터 마카롱

펴낸날 초판 1쇄 2018년 11월 1일 | 초판 4쇄 2021년 1월 20일

지은이 김소연

펴낸이 임호준
편집 박햇님 김유진 고영아 이상미
디자인 정윤경 | **마케팅** 정영주 길보민
경영지원 나은혜 박석호 | **IT 운영팀** 표형원 이용직 김준홍 권지선

기획 현유민
사진 한정수(Studio etc 02-3442-1907)
인쇄 (주)웰컴피앤피

펴낸곳 비타북스 | **발행처** (주)헬스조선 | **출판등록** 제2-4324호 2006년 1월 12일
주소 서울특별시 중구 세종대로 21길 30 | **전화** (02) 724-7689 | **팩스** (02) 722-9339
포스트 post.naver.com/vita_books | **블로그** blog.naver.com/vita_books | **페이스북** www.facebook.com/vitabooks

ISBN 979-11-5846-265-9 13590

• 이 도서의 국립중앙도서관 출판예정도서목록(CIP)은 서지정보유통지원시스템 홈페이지(http://seoji.nl.go.kr)와
국가자료공동목록시스템(http://www.nl.go.kr/kolisnet)에서 이용하실 수 있습니다. (CIP제어번호:CIP2018033693)

• 비타북스는 독자 여러분의 책에 대한 아이디어와 원고 투고를 기다리고 있습니다.
책 출간을 원하시는 분은 이메일 vbook@chosun.com으로 간단한 개요와 취지, 연락처 등을 보내주세요.

비타북스는 건강한 몸과 아름다운 삶을 생각하는 (주)헬스조선의 출판 브랜드입니다.

눈사람 ▸▸ p.145
하트 ▸▸ p.125, 127
스폰지밥 ▸▸ p.111
빼빼로 ▸▸ p.141
설리 ▸▸ p.107
마이크 ▸▸ p.109
가오나시 ▸▸ p.101
토토로 ▸▸ p.99
키티 ▸▸ p.105

유니콘 ▸▸ p.117
피카츄 ▸▸ p.113
트리 ▸▸ p.144
심슨 ▸▸ p.119
기본 ▸▸ 모든 원형 마카롱
앵그리버드 ▸▸ p.115
미니언즈 1 ▸▸ p.103
미니언즈 2 ▸▸ p.103
미니언즈 3 ▸▸ p.103